身近なアレを数学で説明してみる

「なんでだろう?」が
「そうなんだ！」に変わる

佐々木 淳

SB Creative

著者プロフィール

佐々木 淳(ささき じゅん)

1980年、宮城県仙台市生まれ。東京理科大学理学部第一部数学科卒業後、東北大学大学院理学研究科数学専攻修了。防衛省海上自衛隊数学教官。数学検定1級取得。大学在学時から早稲田アカデミーで指導経験を積む。担当した中学2年生の最下位クラスでは、できる問題から「やってみせ」、反復演習「させてみて」、「ほめて」伸ばす山本五十六式メソッドで、自信をつけさせることに成功。開成・早慶付属校に毎年合格している選抜クラスの平均を超える偉業を達成。その後、代々木ゼミナールの最年少講師を経て現職。海上自衛隊では、数学教官としてパイロット候補生に対する入口教育の充実、発展に大きく尽力した功績が認められ、事務官等（事務官、技官、教官）では異例の3級賞詞※を受賞する。

※職務の遂行にあたり、特に著しい功績があった者、技術上優秀な発明や考案をした者などに授与される。（表彰等に関する訓令 第2章 第5条）

本文デザイン・アートディレクション：クニメディア株式会社
イラスト：クニメディア株式会社、アカツキウォーカー
校正：曽根信寿

はじめに

「すべての過去は書き換えられる」
「未来が過去をつくる」

という言葉を聞いてハッとしたことがあります。宇宙物理学者・理論物理学者である佐治晴夫（さじはるお）氏の言葉です。

「過去は変えられない。変えられるのは未来だけだ」と思っていた私には衝撃でした。テレビ番組などで過去の失敗体験を生き生きと話す有名な方がいますが、それは**未来を変えることで過去を書き換えた結果**なのだと思います。つらかった過去や失敗体験が、今につながる「導線」へと編集されたのです。このように未来を変えることで、消してしまいたいほどつらい過去を輝かしい思い出に変えていった人が、私たちの周りには数多くいます。もしかすると、この過程を**克服**と呼ぶのかもしれません。

申し遅れました。私は海上自衛隊でパイロット候補生に数学を教える仕事をしています。「自衛隊で数学」と聞いて「？」と思われた方もいるかもしれませんが、実は自衛隊の中にも学校があり、さまざまな教育が行われています。例えば、まったく泳げなかった者が、数カ月後には5マイル(約9km)もの距離を泳げるようになります。これも海上自衛隊の教育の1つです。

海上自衛隊にはパイロット候補生を育てる航空学生という制度がありますが、そこで学習する数学の内容は、高校では理系に分類されるものです。もちろん、学生の中には数学が苦手な者や、高校までは文系の者もいます。

しかし、そのような学生も単元を絞って学習し、意識を変えれば案外「できる」ようになるものです。そうやって数学ができるようになり、克服していった私の教え子が、**過去を書き換えて、堂々とパイロットになっていきます**。「できない」や「やったことがない」ことなんて、過去の話でしかないのです。

たとえ、その「できる」が、思い込みや勘違いであってもいいのです。同じ思い込みや勘違いなら、「できない」と思い込むより「できる」と勘違いしたほうが得に決まっています。「できる」という勘違いは、過去の「できない」という記憶を、よりよく書き換えてくれるのですから。

ところで「数学は過去の積み重ねが大事。積み重ねがないと数学はできない」と言われますが、本当でしょうか?

数学をやるのに、あれもこれもすべてできる必要なんてありません。かくいう私も大学・大学院時代は、同じ研究室にいる友人の研究内容がわからないほどでした。どうしても必要な知識があるのであれば、**その都度、探しに行けばよい**だけなのです。

私たちが日常的に使っているものも、何から何まで厳密に理解してから使っているとは限りません。例えば、スマホなどの構造や機能を正確に理解してから使っている人はほとんどいないでしょう。「使える機能を使う」。それだけでよいはずです。それは数学にもあてはまります。スマホに触れるように、気軽に数学に触れたっていいのです。

そのため本書では、本来は数学の生命線である厳密さを差し置いて、ざっくりしたイメージや具体例を使って、気軽に解説しています。

「数学は、こんなことをやっている」
「こんなところに数学が隠れている」

そんなトピックを集めました。トピックが1つでもわかったら「できた」と思っていいのです。「できた」が増えれば自信がついていきます。自信がつけば、やがて過去の記憶は編集されていきます。今まで「数学が苦手だった」人がいるかもしれません。それでもいいのです。いや、むしろそのほうがいいのです。本書が「かつては数学が苦手だった」という「思い出話」への「導線」となれば幸いです。

それでは**過去を編集する旅**へ出発しましょう。

2018年12月　佐々木 淳

身近なアレを数学で説明してみる

「なんでだろう?」が「そうなんだ!」に変わる

CONTENTS

CONTENTS

もうモヤモヤしない！「数」の疑問

分数の割り算の仕方など、小学生のころ「なんでだろう？」と疑問に思ったことはありませんか？　そんな疑問も、時が経った後に考えると、意外にあっさりとわかることがあるものです。「あのときの疑問」を解決しにいきましょう。

1-1 ミサイル巡洋艦「ヨークタウン」はなぜシステムダウンを起こしたのか？

1997年9月、米海軍のミサイル巡洋艦「ヨークタウン」が、あるエンジントラブルを起こしました。コンピュータのシステム故障により、ヨークタウンの機能が2時間30分ほど麻痺して任務不能となり、最終的には曳航されてノーフォークへ帰港することになってしまったのです。

このシステム故障の原因を調べたところ、その1つは「数を0(ゼロ)で割るという行為(ゼロ除算)があったため」と報告されています。でも、なぜ数を0で割ったらいけないのでしょうか？

小学校では「数を0で割ってはいけません」と習います。**スマホなどの電卓で「÷0」と入力すると「E(エラー)」や「ゼロでは除算できません」と表示されます**。電卓を使っても答えが出ないなんて、とても不思議ですね。

ここでは、「数を0で割ってはいけない理由」を、「割り算」の考え方から探ってみましょう。

まずは準備です。

割り算は「掛け算の逆」と習いますが、「引き算の応用」でもあります。例えば、「18 ÷ 6 = 3」は「6 × 3 = 18」という「掛け算の逆」

と考えるのが一般的ですが、

「18という数から6という数を何回引けるか？」

という別の見方もあります。答えは「3回」です。この考え方を「引き算の応用」と位置づけたいと思います。

この引き算の観点で考えると、「0で割る（÷0）」ということは、**0を引き続けること**になります。例えば、3÷0を計算することは「3から0を何回引いたら0になるのか」ということになりますが、何回引いても答えが出ません。

無限に引いても答えが出ないのです。

コンピュータは、自分で考え、判断することができませんから、答えが出ないものに対しては「答えが出ない」という「答え」を人が教えないといけません。なぜならコンピュータは、「答えが出ない問題」であっても「答え」が求まるまでリトライし続けるからです。人がコンピュータに教えた「0で割る（÷0）」の答えが、「E（エラー）」などの警告メッセージだったのです。この警告は、コンピュータにリトライをやめさせる「答え」なのです。

前述のヨークタウンの事故では、乗員が誤った数字を入力した結果、「0で割る（÷0）」計算が登場してしまいました。そしてコンピュータが計算をリトライするうちにメモリを消費してフリーズし、巡洋艦の機能がダウンしてしまったのです。「0で割る（÷0）」ことが、ミサイル巡洋艦の機能を停止させるとは、簡単な計算も侮れないですね。

『おもひでぽろぽろ』のタエちゃんはなぜ分数の割り算ができなかったのか？

スタジオジブリが製作した『おもひでぽろぽろ』(1991年) というアニメーション映画をご存じでしょうか？

主人公は「岡島タエ子」という女性なのですが、映画の中で、彼女が小学生のころ、分数の割り算に納得がいかず、悩み、テストで悪い点を取ってしまい、お姉さんに怒られるというシーンがありました。

分数の割り算は「ひっくり返して掛け算」

小学校で習ったこの「魔法」は、なぜそうなのかがわからない「何年たっても疑問が解けない魔法」のままだったりします。しかし、「なぜか？」という理由は簡単なのです。答えは、「**計算したらそうなる**」からです。ただし、

「**毎回その計算をすると大変なので、規則を覚えましょう**」

と小学校で習うのです。

分数の割り算の規則のように「計算したら大変だから、覚えましょう」というものは、算数・数学には多くあります。掛け算の「九九」もそうです。「毎回計算していたら大変」という理由で覚えたはずです。

もちろん9×9は、**右ページ**のように地道に足し算を8回すればできますが、こんなことをする人はまれで、多くの人は「9×9＝81」と覚えて使っているはずです。

ここで改めて、**分数の割り算を、ひっくり返して掛け算にするまでの間の計算**をします。

● 9×9の計算

$$
\begin{aligned}
9\times9&=9+9+9+9+9+9+9+9+9\\
&=9+9+9+9+9+9+9+18\\
&=9+9+9+9+9+9+27\\
&=9+9+9+9+9+36\\
&=9+9+9+9+45\\
&=9+9+9+54\\
&=9+9+63\\
&=9+72\\
&=81
\end{aligned}
$$

その前に準備が必要です。ここでは、1.5÷0.3の計算を考えてみます。この割り算は、小数点を1つずらし、「15÷3」の式に置き換えて計算します。

1.5÷0.3から15÷3へ、小数点をずらしてから計算する過程の中で、**割る数と割られる数が10倍**されています。

この式の変形の過程は、

$$
\begin{aligned}
1.5 \div 0.3 &= 1.5 \times 10 \div 0.3 \times 10\\
&= 15 \div 3 = 5
\end{aligned}
$$

となります。この小数の割り算のように、割る数と割られる数に同じ数を掛けていいのです。この計算は、ちょうど約分のようなことをしています。約分は、割る数と割られる数を同じ数で割ることでした。

準備が整ったので、

$$\frac{5}{7} \div \frac{3}{4}$$

の計算を通して、分数の割り算は、割る数をひっくり返して掛ける、という過程を計算していきます。

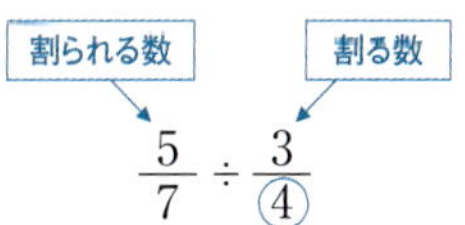

割る数$\frac{3}{4}$の分母の4を、割る数と割られる数に掛け算します。すると、

$$\frac{5}{7} \div \frac{3}{4} = \left(\frac{5}{7} \times 4\right) \div \left(\frac{3}{4} \times 4\right) = \frac{5}{7} \times 4 \div 3$$

$4 \div 3 = \frac{4}{3}$ ですから、

$$\frac{5}{7} \div \frac{3}{4} = \left(\frac{5}{7} \times 4\right) \div \left(\frac{3}{4} \times 4\right) = \frac{5}{7} \times 4 \div 3 = \frac{5}{7} \times \frac{4}{3}$$

となります。このような計算を毎度していたら大変ですから、「分数の割り算はひっくり返して掛け算」という「魔法」を覚えるのです。

●「ピザ」で考える

次は「1枚のピザを分ける」という例で考えていきます。1枚のピザを4人で分割すると、ピザのサイズは$\frac{1}{4}$となります。

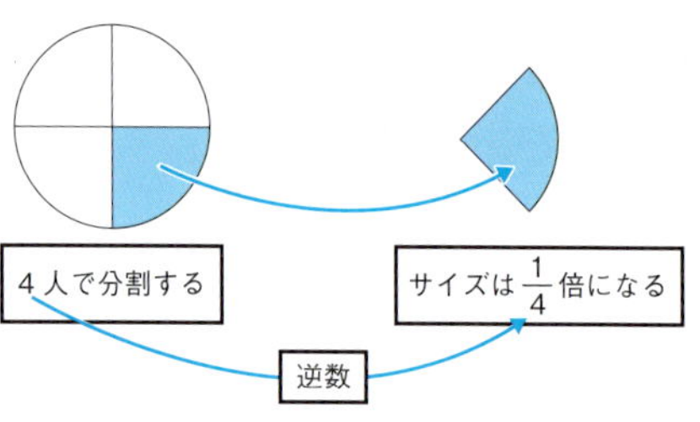

これを式にすると、

$$1 \div 4 = \frac{1}{4}$$

となります。これを別の角度から考えてみましょう。1枚のピザを $\frac{1}{4}$ サイズに分割すると、枚数を4倍にできます。

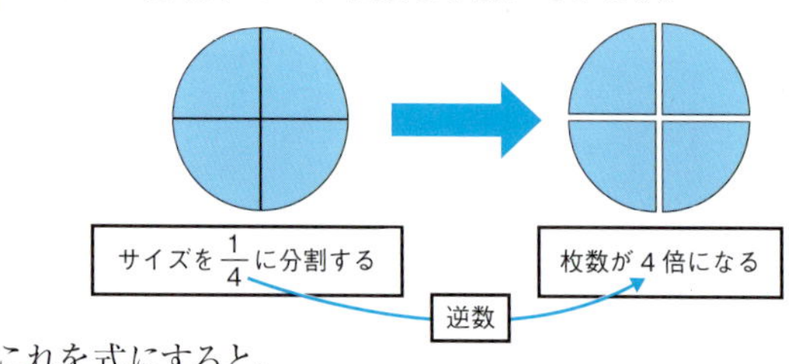

これを式にすると、

$$1 \div \frac{1}{4} = 4$$

となります。ここで、サイズと人数の関係に注目すると、**逆数**の関係になっています。先ほどの2つの式は同じシチュエーションを意味しています。「配るサイズに注目」するのか、「配る人数に注目」するのかの違いです。どちらも割る数と答えは逆数の関係にあります。この**逆数の関係こそ「分数の割り算はひっくり返して掛け算する」の正体**だったのです。

1 3 トーナメント戦の試合数を0.1秒で計算するには？

今、A、B、C、D、E、F、Gの7チームがあり、トーナメント戦で優勝チームを決めたいと考えています。この場合、何試合する必要があるでしょうか？　実は、**どんなトーナメントの組み方をしても6試合で決着**がつきます。なぜなら、「負けたチーム」と「試合」が**1対1で対応**するからです。

A B C D E F G
①②③④⑤⑥

1試合目：Bが勝ち、Aが負ける。
2試合目：Cが勝ち、Dが負ける。
3試合目：Fが勝ち、Eが負ける。
4試合目：Bが勝ち、Cが負ける。
5試合目：Gが勝ち、Fが負ける。
6試合目：Bが勝ち、Gが負ける。

この試合を見て、1対1に対応している部分がどこか気づいたでしょうか？　トーナメント戦なので、優勝するのは1チームだけ(この例ではBチーム)です。それ以外のチームは、すべて負けます。つまり、負けたチームと試合が1対1で対応しています。勝ち試合は対応しません。例えば、Bは1試合目、4試合目、6試合目の3試合で勝利しますから、この3試合は1対1で対応しません。

$$7-1=6$$

チーム数　優勝するチーム　「必要な試合数」=「負け試合数」

身近に隠れた「平方根(ルート)」

ピタゴラスが「三平方の定理（ピタゴラスの定理)」を発見した後に、ルート(平方根)が生まれました。当初は「分数で書けない数」としてとまどいがありましたが、時が経ち、日常の多くの場面で使われるようになりました。そのルートを探りにいきましょう。

「141.4%」などと中途半端なコピー機の拡大倍率には理由がある

「このA4の会議資料、A3に拡大してもらえる？」

職場でよくある上司からのお願いです。そこであなたは、会議資料を拡大するため、事務所にあるコピー機のもとへ向かい、「拡大」ボタンを見ます。

そのときコピー機に登録されている倍率の表示を確認すると「141％」「141.4％」など、中途半端な数字になっているはずです。「150％であればキリがよい数字なのに……なぜ？」と思ったことはないでしょうか？

そこでここでは、コピー機に現れるこの「謎の倍率」に迫っていきます。この中途半端な倍率、実は**紙のサイズ**に答えが隠されています。私たちが職場などで使うA判やB判の用紙は、正方形ではなく長方形ですから、縦と横で長さが違います。ここでは、辺の長さが短いほうを縦、長いほうを横とします。

この縦と横の長さの比率はどれも（A4でもA3でもA2でも）同じなのですが、いくつかわかりますか？　**答えは、1（縦）：$\sqrt{2}$（横）**で、**白銀比**と呼ばれることもあります。中途半端な数字に見えますが、こうすることでA判とB判の用紙は、**半分に折りたたんでも、縦と横の比率が変わらない**という便利な性質を持つことになります。この性質があるから、拡大・縮小しても紙に書かれている内容がはみ出たり、むだな余白ができたりしないのです。

A判、B判の用紙は、面積が半分になるように折りたたんでいくと、**右下の図**のように変化していきます。

例えばA3の用紙を、面積が半分になるように折りたたむと、**20ページの図**のようにA4の用紙になります。拡大はその逆なので、

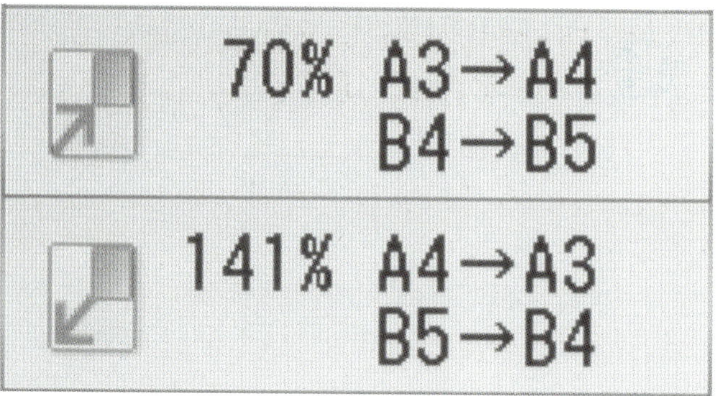

コピー機の操作画面の例。「141%」という半端な数が表示されている

A 判：A0→A1→A2→A3→A4→A5→A6
B 判：B0→B1→B2→B3→B4→B5→B6

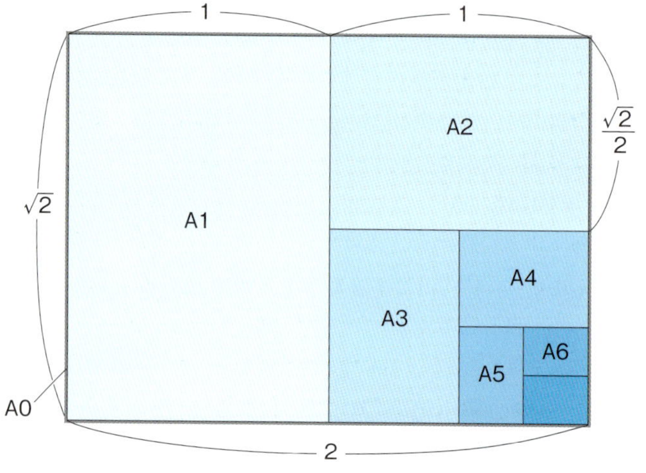

A0の半分がA1、A1の半分がA2となる。A判だけでなくB判も同じだ

A4の用紙をその下の図のように2枚つなげるとA3の用紙になります。

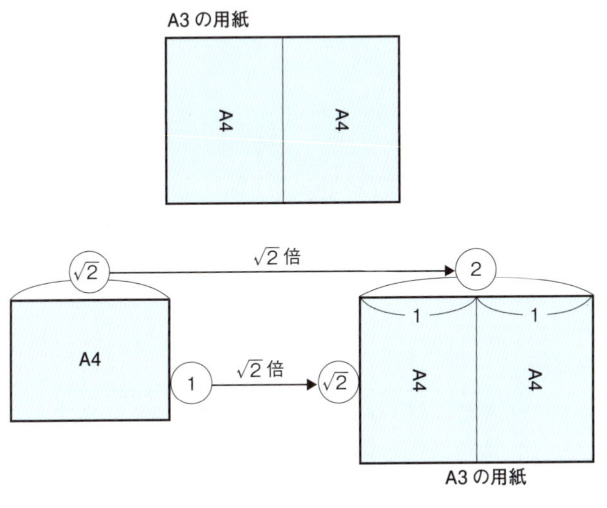

このとき、A4の用紙とA3の用紙の縦と横の長さに注目してみましょう。A3の用紙の縦と横の長さは、それぞれA4の用紙の$\sqrt{2}$倍になっていますね。

$$\sqrt{2} = 1.41421356\cdots = 141.421356\cdots\% \fallingdotseq 141.4\%$$

となるので、A4をA3にするようなA判用紙の拡大は141.4%となるのです。

● コピー機の縮小倍率「70.7%」「81.6%」から読み解く「分母の有理化」

今度は、A3の用紙をA4に縮小する場合を考えてみましょう。

コピー用紙の拡大は縦横の長さを$\sqrt{2}$倍するのですから、**縮小は縦横の長さを$\frac{1}{\sqrt{2}}$倍**します。

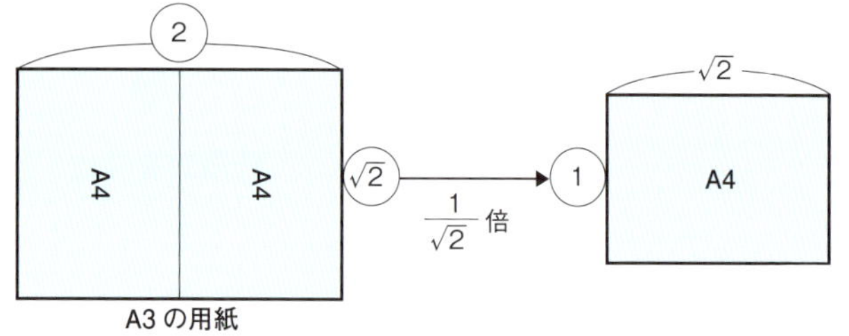

しかし、$\frac{1}{\sqrt{2}}$を、このまま計算するのは大変です。なぜなら

$$\frac{1}{\sqrt{2}} = \frac{1}{1.41421356\cdots} = 1 \div 1.41421356\cdots$$

より、**1÷1.41421356…という膨大な計算**をすることになるからです。具体的にこの膨大な計算を真面目に行うと、

1.41421356…）1

141421356…）100000000

割る数と割られる数を100000000倍（1億倍）

```
                     0.70710678
141421356…) 100000000
             989949492
             10050508
              989949492
              15101308
               141421356
                9591724
                848528136
                110644264
                 989949492
                 116493148
                 1131370848
                   33560632…
```

分母の有理化！

見てわかるとおり、大変ですね。

この計算を大変にしている原因は分母の$\sqrt{2} = 1.41421356\cdots$ですから、分母に$\sqrt{2}$がないように、式変形すればいいのです。

そこで登場するのが**分母の有理化**です。

$\sqrt{2} \times \sqrt{2} = 2$なので、$\dfrac{1}{\sqrt{2}}$の分子と分母に、分母と同じ数($\sqrt{2}$)を掛け算します。

$$\frac{1}{\sqrt{2}} = \frac{1 \times \sqrt{2}}{\sqrt{2} \times \sqrt{2}} = \frac{\sqrt{2}}{2} = \frac{1.41421356\cdots}{2} = 0.70710678\cdots$$

上の式の青枠の部分のことを分母の有理化といいます。初めて有理化を学習したとき、「何の役に立つのだろう？」と疑問だった方もいるでしょう。この分母の有理化を「経由」することで、膨大な割り算の計算を、簡単な計算に置き換えることができるのです。

$$0.70710678\cdots = 70.710678\cdots\% \fallingdotseq 70.7\%$$

より、**縮小倍率70.7%が現れます**。

ちなみに、コピー機や複合機によっては、70.7%ではなく71%や70%となっていることもあります。70.7%を小数第1位で四捨五入すれば71%ですが、71%は70.7%よりも少しだけ大きい倍率ですから、縮小コピーすると、端が切れてしまう可能性があります。そのため、70.7%を小数第1位で四捨五入するのではなく、小数第1位で切り捨てた倍率の70%も用意されています。

コピー機の操作画面には、ほかに122.4%、81.6%の倍率もあります。これも見ていきましょう。

ここまで見てきたように、A判の用紙を拡大すれば面積が2倍に、縮小すれば面積が半分となるので、用紙が「大きすぎる」「小さすぎる」という問題が出てきます。その**間を埋める用紙がB判**です。「A判用紙の面積を2倍までは拡大したくないけど、少しは拡大したい」。そんな要望に応えて、**A判用紙の面積を1.5倍に拡大したものがB判用紙**です。A判とB判には**下の図**のような関係があります。

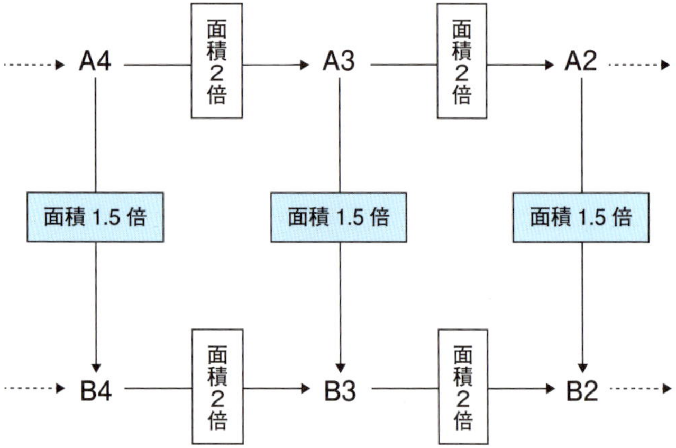

A4 → 面積2倍 → A3 → 面積2倍 → A2
A4 ↓ 面積1.5倍 → B4
A3 ↓ 面積1.5倍 → B3
A2 ↓ 面積1.5倍 → B2
B4 → 面積2倍 → B3 → 面積2倍 → B2

A判からB判は面積が1.5倍ですから、**縦と横の長さは$\sqrt{1.5}$倍**です。計算しやすくなるように、$\sqrt{1.5}$の小数表示を分数表示にすると、

$$\sqrt{1.5} = \sqrt{\frac{3}{2}} = \frac{\sqrt{3}}{\sqrt{2}}$$

となります。A判の縦の長さを1とすると、横の長さは$\sqrt{2}$ですから、B判の縦の長さは$1 \times \frac{\sqrt{3}}{\sqrt{2}} = \frac{\sqrt{3}}{\sqrt{2}}$、横の長さは$\sqrt{2} \times \frac{\sqrt{3}}{\sqrt{2}} = \sqrt{3}$です。

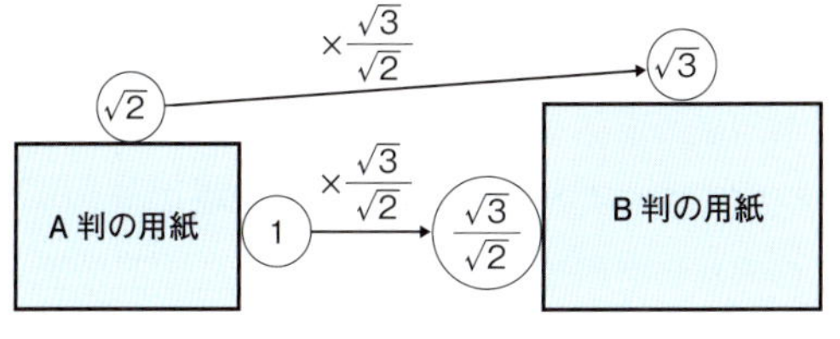

また、A判の対角線の長さをcとすると、三平方の定理(ピタゴラスの定理)を用いて、$c^2 = 1^2 + (\sqrt{2})^2 = 3$、$c = \sqrt{3}$となるので、**下の図**の関係もあります。

三平方の定理（ピタゴラスの定理）

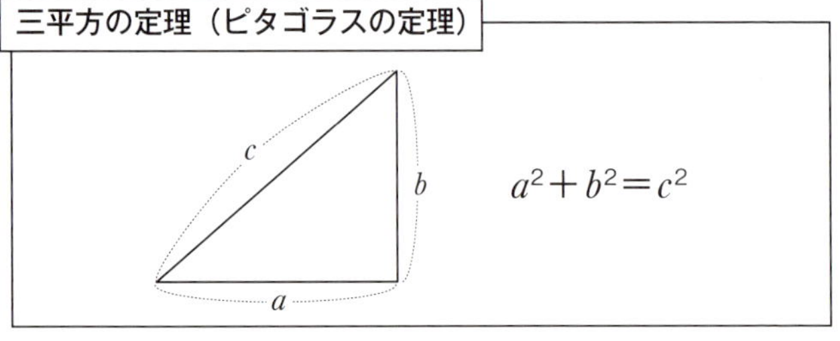

B判の縦の長さは $\frac{\sqrt{3}}{\sqrt{2}}$ ですから、分母を有理化すると、

$$\frac{\sqrt{3}}{\sqrt{2}}=\frac{\sqrt{3}\times\sqrt{2}}{\sqrt{2}\times\sqrt{2}}=\frac{\sqrt{6}}{2}=\frac{2.44948974\cdots}{2}$$

$$=1.22474487\cdots=122.474487\cdots\%\fallingdotseq \mathbf{122.4\%}$$

A判をB判に拡大する場合は122.4%にすればよいとわかります。

B判からA判に縮小する場合は、この逆になるので、

$$1\div\frac{\sqrt{3}}{\sqrt{2}}=\frac{\sqrt{2}}{\sqrt{3}}=\frac{\sqrt{2}\times\sqrt{3}}{\sqrt{3}\times\sqrt{3}}=\frac{\sqrt{6}}{3}=\frac{2.44948974\cdots}{3}$$

$$=0.81649658\cdots=81.649658\cdots\%\fallingdotseq \mathbf{81.6\%}$$

B判をA判に縮小する場合は81.6%にすればよいとわかります。

A判、B判の用紙は、拡大や縮小をするとき便利なように、白銀比が用いられていますが、そのような必要がない用紙の場合は、キリのよい数字を採用しています。例えば、はがきは102mm × 152mmですから、比率はだいたい2：3ですね。

2 ピラミッドに隠された「黄金比」東京スカイツリーに隠された「白銀比」

エジプトのピラミッド、ミロのヴィーナス、ギリシャのパルテノン神殿、パリのエトワール凱旋門……。歴史に残る芸術は、いつも私たちを魅了します。そんな、後世に語り継がれるような芸術作品には「法則」があるのをご存じですか？　実はデザインの比率にヒントがあるのです。

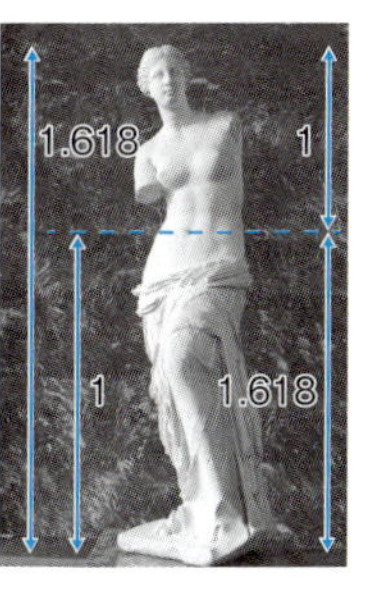

例えば、ピラミッドは底辺の半分:斜辺＝1: $\frac{1+\sqrt{5}}{2}$ となっています。中途半端にしか思えない比率ですが、実は**黄金比**と呼ばれ、先ほど列挙したような芸術作品に見られる場合が多いといわれています。何気なく見える芸術作品の比率に、数学的な計算が隠されていたのですね。

ここで登場した $\frac{1+\sqrt{5}}{2}$ という中途半端な数は、2次方程式 $x^2-x-1=0$ を解くと現れます。

この2次方程式は簡単には解けないので、解の公式が必要になります。ここで、**2次方程式の解の公式**を確認して、解を求めてみましょう。

2次方程式の解の公式

$ax^2+bx+c=0$（$a\neq0$）のとき、$x=\dfrac{-b\pm\sqrt{b^2-4ac}}{2a}$

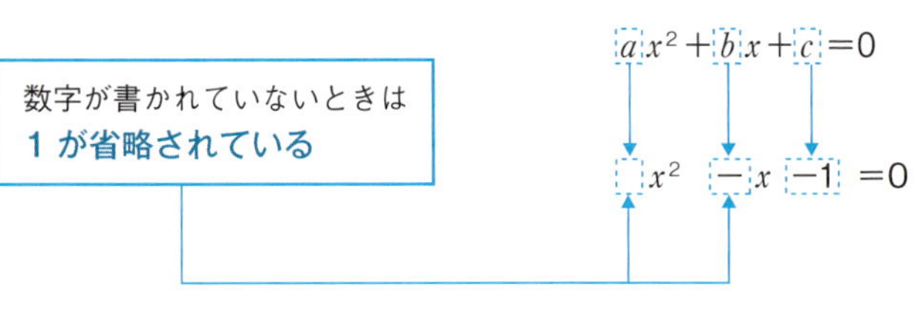

解の公式に $a=1$、$b=-1$、$c=-1$ を代入して、

$$x=\frac{-(-1)\pm\sqrt{(-1)^2-4\times1\times(-1)}}{2\times1}$$

$$=\frac{1\pm\sqrt{1+4}}{2}=\frac{1\pm\sqrt{5}}{2}$$

$$\frac{1+\sqrt{5}}{2} \text{ と } \frac{1-\sqrt{5}}{2}$$

の、2つの解が求まります。

$\sqrt{5}$の値は2.2360679…（語呂は「富士山麓オウム鳴く」ですね）

$$\frac{1+\sqrt{5}}{2}\fallingdotseq\frac{1+2.2360679\cdots}{2}=\frac{3.2360679\cdots}{2}\fallingdotseq1.618034$$

$$\frac{1-\sqrt{5}}{2}\fallingdotseq\frac{1-2.2360679\cdots}{2}=\frac{-1.2360679\cdots}{2}\fallingdotseq-0.618034$$

ですから、黄金比の比率は、この2つの解のうちプラスの値

$$\frac{1+\sqrt{5}}{2} \fallingdotseq 1.618034$$

を採用します。この値を、小数第2位で四捨五入し、わかりやすくすると、

$$\frac{1+\sqrt{5}}{2} \fallingdotseq 1.6 = \frac{8}{5}$$

となります。この値を使って黄金比を、

$$1 : \frac{1+\sqrt{5}}{2} \fallingdotseq 1 : \frac{8}{5} = 5 : 8$$

としているものもあります。**黄金比は約 5:8**と考えることもできます。

「解の公式は何の役に立つのだろう？」と思ったことがあるかもしれませんが、役に立たないと思っていたことが、芸術作品などの意外なところで使われていることを知るだけで、少し見方や感じ方が変わってくるのではないでしょうか？　これに対し、**日本最高の芸術作品は、法隆寺の2階の幅と1階の幅のように1:$\sqrt{2}$、つまり白銀比となっているケースが多く見られます。**

白銀比は、コピー用紙にも使われるほどですから、実用性を兼ねています。世界の芸術作品のように「黄金比で緻密な美しさを取るか」、日本の芸術作品のように「白銀比で実用的な比率を取るか」——数学的におもしろい議論が生まれます。

一時期、「解の公式なんて、社会に出てから使うことはない。だからなくすべきだ」という声を受けて、中学3年生の教科書から姿を消していたことがあります。

このため、「解の公式を学んでいない世代」がいるわけですが、

東京スカイツリーは天望回廊の高さが450m、タワーの高さが634mで、1：$\sqrt{2}$の白銀比に近い（448mならちょうど白銀比）

この世代に数学を教えたとき、これまで経験したことがないことが起こりました。

それは「$\sqrt{\quad}$の計算をスムーズにできない学生が多かった」ということです。

嫌でも解の公式を学んでいた世代の学生は「$\sqrt{12}$が$2\sqrt{3}$になること」を理解して計算できていましたが、解の公式を学んでいない世代は、この計算がスムーズにできないことが多かったのです。

$$\sqrt{12} = \sqrt{2^2 \times 3} = \sqrt{2^2} \times \sqrt{3} = 2\sqrt{3}$$

最初、この世代の学生だけができないので、「なぜ苦手なのだろうか？」と思い悩んでいたのですが、よくよく考えて思いついたのが、「解の公式を習ったことがあるか、ないか」だったのです。

いまだに「解の公式なんて、社会に出てから使うことはない。だからなくすべきだ」と主張する方もいますが、なぜ「なくすべきだ」と思うほど嫌うのでしょうか？　おそらくそれは、面倒な計算があるからではないでしょうか？　たしかに$\sqrt{\ }$の計算は面倒ですが、**この面倒な計算をするから$\sqrt{\ }$の計算力が身についた**ことを忘れないでほしいのです。

「方程式」を使えば思い込みに惑わされない

中学生で学習する方程式は、小学生のときに学習した技巧的な計算をすべて補ってくれました。方程式は、センスの有無に関係なく誰にでも使いこなせる強力なツールです。方程式を使いこなせば、まぎらわしい話にだまされにくくなります。

「割引」と「ポイント還元」は似ているようで結構違う

「毎月1日は10%ポイント還元感謝祭です！」

このような言葉を、近所のスーパーマーケットや家電量販店でよく聞くのではないでしょうか？　また、ネットショッピングなどでもよく見かけるでしょう。一方、

「今からタイムセール。レジにて10%割引します！」

というような言葉が聞こえてくるときもあります。ついつい、お得な言葉に引かれて、いろいろなものを買ってしまいますが、**10%ポイント還元**と**10%割引**（**10%オフ**）は、似たような言葉であるものの、実はお得度が違います。そこでここでは、ポイント還元と割引の違いに迫っていきます。

例えば、1個1000円するプリンタ複合機のインクカートリッジを10個購入する場合、**10%割引**と**10%ポイント還元**では、どのような違いがあるのか考えてみましょう。インクカートリッジ10個の価格は、$1000 \times 10 = 10000$円です。

10%割引の場合は、$10000 \times \frac{10}{100} = 1000$円割引なので、$10000 - 1000 = 9000$円で購入できます。

ポイント還元の場合は、支払額が10000円ですが、$10000 \times \frac{10}{100} = 1000$円分のポイントが還元されます。

ポイントは利用するまでは得したことになりません。そこで、還元されたポイント（1000円分）を即座に利用して、インクカートリッジをもう1個購入することにします。ここまでをまとめると、

10%割引の場合　　　　　:9000円で10個購入
10%ポイント還元の場合:10000円で11個購入

できることになります。

このままでは、支払額と購入数にずれがあって比較しづらいため、1個あたりの価格に直してみましょう。

すると、

10%割引の場合　　　　　:$9000 \div 10 = 900$円
10%ポイント還元の場合:$10000 \div 11 \fallingdotseq 909.1$円

となり、10%割引のほうが、少しばかり安く購入できることがわかります。

10%ポイント還元の場合、先ほどのケースでは11個のインクカートリッジを購入できましたが、これは「1000×11＝11000円分の商品が、1000円割引されて10000円で購入できた」と考えることができます。つまり、「ポイント還元」を「割引」に変換することができるのです。そこで、割引率を計算してみると、

$$\frac{1000}{11000} \times 100 = 9.091\%$$

ですから、**10%ポイント還元は9.091%の割引と同じ**になります。こうすれば、「割引のほうがお得であること」を、数字ではっきりと示せるのです。

今回のケースをまとめてみましょう。ポイント還元と割引の対応は、**次の表**のとおりです。

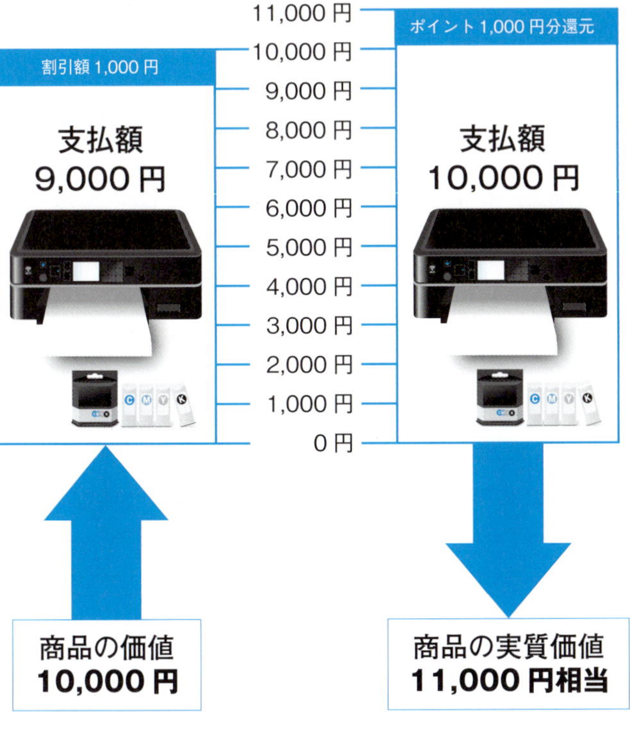

10%の場合	商品の価格	割引額	支払額	還元額	商品の価格 ＋ 還元額
割引	10,000円	1,000円	9,000円	―	―
ポイント還元	10,000円	―	10,000円	1,000円	11,000円

還元率	支払額	ポイント還元	価格＋還元	割引率(%)
5%	10,000円	500円分	10,500円	$\frac{500}{10500}\times100=4.761\%$
10%		1,000円分	11,000円	$\frac{1000}{11000}\times100=9.091\%$
15%		1,500円分	11,500円	$\frac{1500}{11500}\times100=13.043\%$
20%		2,000円分	12,000円	$\frac{2000}{12000}\times100=16.667\%$
25%		2,500円分	12,500円	$\frac{2500}{12500}\times100=20.000\%$
30%		3,000円分	13,000円	$\frac{3000}{13000}\times100=23.077\%$
40%		4,000円分	14,000円	$\frac{4000}{14000}\times100=28.571\%$
50%		5,000円分	15,000円	$\frac{5000}{15000}\times100=33.333\%$
60%		6,000円分	16,000円	$\frac{6000}{16000}\times100=37.500\%$
70%		7,000円分	17,000円	$\frac{7000}{17000}\times100=41.176\%$
80%		8,000円分	18,000円	$\frac{8000}{18000}\times100=44.444\%$
90%		9,000円分	19,000円	$\frac{9000}{19000}\times100=47.368\%$
100%		10,000円分	20,000円	$\frac{10000}{20000}\times100=50.000\%$

「25％ポイント還元」と「20％割引(2割引)」が同じであることがわかります。「100％ポイント還元」と「50％割引(5割引)」が同じというのは、感覚的に理解しにくいかもしれません。この一見、**理解しにくい事例を補うツールこそが数学**なのです。

続いて、表にはない「30%割引と同じポイント還元率」や「40%割引と同じポイント還元率」を求めてみましょう。

30%割引と同じポイント還元率をx%とします。

40%割引と同じポイント還元率をy%とします。

表にすると、次のようになります。

還元率	$x\%\ \left(=\frac{x}{100}\right)$	$y\%\ \left(=\frac{y}{100}\right)$
支払額	10,000円	
ポイント還元	$10000\times\frac{x}{100}=100x$	$10000\times\frac{y}{100}=100y$
価格+還元	$10000+100x$	$10000+100y$
割引率	$\frac{100x}{10000+100x}\times100(\%)$	$\frac{100y}{10000+100y}\times100(\%)$
	30%	40%

30%割引と同じポイント還元率x%を求めてみましょう。

$$\frac{100x}{10000+100x}\times100=30$$ ……両辺を10で割ります。

$$\frac{100x}{10000+100x}\times10=3$$

$$100x\times10=3(10000+100x)$$ ……分母を払います。

$$1000x=30000+300x$$ ……両辺を計算します。

$$1000x-300x=30000+300x-300x$$ ……両辺を$-300x$します。

$$700x=30000$$ ……両辺を計算します。

$$\frac{700x}{700}=\frac{30000}{700}$$ ……両辺を700で割ります。

$$x=\frac{300}{7}\fallingdotseq42.857\%$$

よって、30％割引に相当するのは42.857％ポイント還元となります。

同じように、40％割引と同じポイント還元率y％を求めてみましょう。**前ページの表**から、

$$\frac{100y}{10000+100y}\times 10\cancel{0} = 4\cancel{0}$$ ……両辺を10で割ります。

$$\frac{100y}{10000+100y}\times 10 = 4$$

$$100y \times 10 = 4(10000+100y)$$ ……分母を払います。

$$1000y = 40000 + 400y$$ ……両辺を計算します。

$$1000y - 400y = 40000 + 400y - 400y$$ ……両辺を−400yします。

$$600y = 40000$$ ……両辺を計算します。

$$\frac{600y}{600} = \frac{40000}{600}$$ ……両辺を600で割ります。

$$y = \frac{400}{6} \fallingdotseq 66.667\%$$

よって、40％割引に相当するのは66.667％のポイント還元となります。

蛇足ですが、ポイント還元はお金を支払っている以上、100％割引（無料）と同じにはなりません。そこで極端に、90％割引と同じポイント還元率を**前のページ**のように計算してみると、なんと900％となります。

ポイント還元率が100％を超えてしまったら、お店は損をしてしまうので経営できなくなってしまいます。そのため、**ポイント還元のみで50％を超える割引にすることは困難**とわかります。このような例からも、**割引とポイント還元は似ているようで違う**と実感できます。

間違えやすい引っかけクイズは直感ではなく方程式で考える

直感では間違えそうな数学のクイズはよくあります。そんなクイズこそ、方程式でじっくり解いていくのが鉄則です。センスは方程式で補えます。実際にクイズを考えていきましょう。

> 映画のチケットとジュースのセットが1500円で販売されています。映画のチケットがジュースより1000円高いとき、チケットの値段は？

思わず、「チケットが1000円、ジュースが500円」と答えてしまいそうですね？　実は、私も直感で即答して間違えてしまったことがあります……。

答えは、**チケットが1250円、ジュースが250円**ですが、直感で求めることはできたでしょうか？　できた方はすばらしいと思います。私のように間違えた方にこそ方程式があります。問題文を**表**にまとめて再度、考えてみましょう。

映画のチケットの料金	ジュースの料金	セット料金
?円	?円	1500円

1000円高い

ここで、ジュースの料金をx円とします。すると映画のチケットの料金は、ジュースの料金より1000円高いので$x+1000$円です。

映画のチケットの料金	ジュースの料金	セット料金
x＋1,000円	x円	1,500円

1000円高い

表から方程式をつくります。「映画のチケットの料金」＋「ジュースの料金」＝「セット料金」となるので、

$$(x + 1000) + x = 1500$$

$$2x + 1000 = 1500$$ ………………… 左辺のxをまとめます。

$$2x + 1000 - 1000 = 1500 - 1000$$ ………… 両辺を－1000します。

$$2x = 500$$

$$\frac{2x}{2} = \frac{500}{2}$$ ………………… 両辺を２で割ります。

$$x = 250$$

ジュースの料金が$x = 250$円ですから、映画のチケットの料金は$x + 1000 = 250 + 1000 = 1250$円ですね。先ほどの表に数字を書き加えると、次のとおりです。

映画のチケットの料金	ジュースの料金	セット料金
1250円	250円	1500円

1000円高い

3-3 住宅ローンの支払い総額、ちゃんと把握していますか？

現在（2018年12月）は超低金利ですから、「このタイミングでマイホームやマンションを……」と考えている方も多いのではないでしょうか？　しかし、みんなが「今が買いどき」というタイミングは、本当に買いどきなのでしょうか？　かくいう私も、低金利といわれているときにハウスメーカーの見学に行きましたが、どのくらいの金額を負担することになるのか、数学的に求めてみましょう。

例えば3,000万円を、金利1％、35年で借りたとします。この場合、支払総額を計算すると35,567,804円です。利子を500万円以上、支払うことになります。500万円以上支払うとなると、「超低金利でも……」と思うのではないでしょうか。

そこでここでは、住宅ローンの支払い総額の計算方法を紹介していきますが、まず、用語の意味をはっきりさせておきましょう。住宅ローンで**金利**と記載されている場合、これは「1年間の金利」で、「年利」を表しています。例えば、定期預金として30万円を預けた場合、1カ月後の利息は、

$$300000 \times 1\% = 300000 \times 0.01 = 3{,}000\text{円}$$

となるわけではなく、

$$300000 \times \frac{1\%}{12} = 300000 \times \frac{0.01}{12} = 250\text{円}$$

となります。この年利（1％）を1カ月単位で定めた利息$\left(\frac{1\%}{12}\right)$を**月利**（げつり）といいます。**住宅ローンは月々の返済ですから、月利をベースに計算**していきます。すると、

1カ月後の返済残高

＝(1＋月利)×借入額－毎月返済分

となります。

(1＋月利)をr、借入額をM、毎月返済分をaと置くと、

1カ月後の返済残高＝$rM-a$

と表すことができます。

●2カ月後の返済残高

2カ月後の返済残高

＝(1＋月利)×(1カ月後の返済残高)－毎月返済分

$= r(rM-a)-a$

$= r^2M-ra-a \qquad (= r^2M-a(r+1))$

この式を言葉で表すと、次のとおりです。

> 2カ月後の返済残高
> ＝(1＋月利)^2×借入額－(1＋月利)×毎月返済分－毎月返済分

35年ローンは35×12＝420カ月のあいだ支払いを続けるので、420カ月後の返済残高を求めます。この計算を繰り返し行うと以下のようになります。

●420カ月後の返済残高

420カ月後の返済残高

$= r^{420}M-a(r^{419}+r^{418}+\cdots+r^2+r+1)$

$= r^{420}M-\boxed{\dfrac{a(r^{420}-1)}{r-1}}$

青い囲み は**等比数列の和**の公式を使っています(求め方は43ページ参照)。420カ月後に返済残高が0になりますから、

$$0 = r^{420}M - \boxed{\frac{a(r^{420}-1)}{r-1}}$$

青い囲みの部分を左辺に移項して、

$$\frac{a(r^{420}-1)}{r-1} = r^{420}M$$

ここで $\frac{r-1}{r^{420}-1}$ を両辺に掛け算して、

$$a = \frac{r-1}{r^{420}-1} \times r^{420}M = \frac{Mr^{420}(r-1)}{r^{420}-1}$$

この式を言葉で書くと、次のとおりです。

$$\text{毎月返済分} = \frac{\text{借入額}\times(1+\text{月利})^{420}(1+\text{月利}-1)}{(1+\text{月利})^{420}-1}$$
$$= \frac{\text{借入額}\times\text{月利}\times(1+\text{月利})^{420}}{(1+\text{月利})^{420}-1}$$

$$= \frac{30000000 \times \frac{0.01}{12} \times \left(1+\frac{0.01}{12}\right)^{420}}{\left(1+\frac{0.01}{12}\right)^{420}-1}$$

$$\fallingdotseq \frac{25000 \times 1.41886073121372}{1.41886073121372 - 1}$$

$$= \frac{35471.51828}{0.41886073121372} \fallingdotseq 84685$$

毎月84,685円返済するので、420カ月（35年）の総支払額は

84685 × 420 = 35,567,700円と求まります。

この84,685円は小数点以下を四捨五入した値なので、正確な総支払額の35,567,804円と少しばかり開きがありますが、この誤差は初回や最終回の返済で調整することが多いです。

なお、住宅ローンなどの分割払いで気をつけたいことは、「3,500万円の負担」といわれると大きな負担で「大変」に見えても、分割された「月8万5,000円の負担」だけを見ると「払えそう」と感じてしまうことです。**どんなに大きな数であっても、割り算をしていけば、私たちが身近に接する小さな数に変化していきます。** このような現象は「割り算で数を小さくすること」で起きます。

そのため、住宅ローンを含めた分割払いやリボルビング払い（リボ払い）を利用する際は、割り算されて小さくなった**負担額だけを見るのではなく、必ず支払い総額を確認するようにしましょう。**

等比数列の和の公式を使った計算

$S=r^{419}+r^{418}+\cdots+r+1 \quad (r\neq 1) \quad \cdots\cdots①$

とします。

この両辺をr倍すると、

$rS=r^{420}+r^{419}+r^{418}+\cdots+r \quad \cdots\cdots②$

となります。②から①を引くことで、

$rS-S=r^{420}-1 \longleftrightarrow S(r-1)=r^{420}-1$

となるので、両辺を$(r-1)$で割って

$S=\dfrac{r^{420}-1}{r-1}$ と求まります。

天才「ガウス少年」は「方程式」の使い手だった

今から230年以上昔の1780年代、1人の少年が、教師から出された問題を瞬時に解いて驚かせました。のちに大数学者として活躍するカール・フリードリヒ・ガウスです。ガウスが教師を驚かせたのは以下の問題です。

「1から100までの数字(自然数)を全部足すといくつになるか？」

ガウスは、この問題に一瞬で「5050」と答えました。なぜそんなことができたのか解説しましょう。まず、1から100までの数字(自然数)を全部足すといくつになるか考えます。求める答えをxとします。

$x=1+2+3+\cdots 98+99+100$

この方程式の右辺を逆から書いていきます。

$x=100+99+98+\cdots 3+2+1$

この2つの式を加えていきます。

$$
\begin{array}{rl}
 & x=1+2+3+\cdots\cdots\cdots\cdots+98+99+100 \\
+) & x=100+99+98+\cdots\cdots\cdots\cdots+3+2+1 \\
\hline
 & 2x=\underbrace{101+101+101+\cdots 101+101+101}_{101が100個ある}
\end{array}
$$

$2x=101\times 100$

$2x=10100$ ・・・・・・・・・・・右辺を計算。

$\dfrac{2x}{2}=\dfrac{10100}{2}$ ・・・・・・・・両辺を2で割る。

$x=5050$

第4章

最適な組み合わせが判明する「2次関数」

物を投げたときにその物が描く曲線を放物線といい、放物線を式にしたものが2次関数です。私たちは日常でよく放物線を見かけますが、そのときは2次関数に触れているのです。私たちの生活に密着している2次関数を探しにいきましょう。

4-1 なぜ「キューブ型（正方形）」の一戸建てが多いのか？

「人生最大の買い物」の1つといえばマイホームでしょう。住宅は高額なので、少しでも「広い家をお得に」と思うのが心情でしょう。そこでここでは、「家の平面図が、より広くなるのはどういう場合か」を考えていきましょう。

家の平面図を見たとき、縦と横の長さの合計を16mとします。

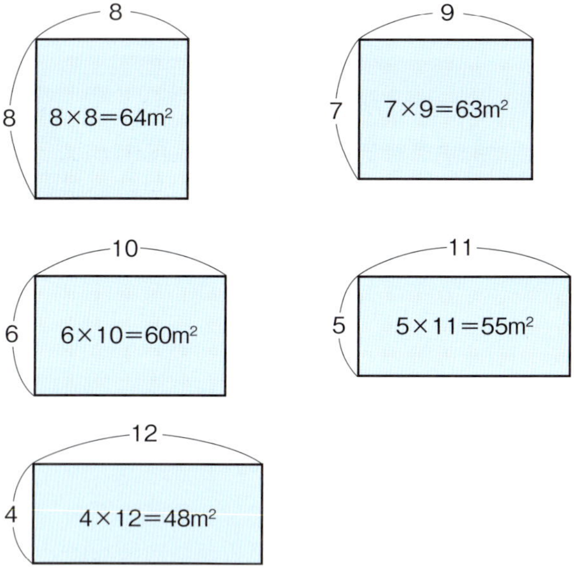

8 × 8 = 64m²（縦8、横8）

7 × 9 = 63m²（縦7、横9）

6 × 10 = 60m²（縦6、横10）

5 × 11 = 55m²（縦5、横11）

4 × 12 = 48m²（縦4、横12）

これらの例から、縦の長さと横の長さがいずれも8mの場合、つまり**正方形の場合がいちばん広くなりそう**です。

実際に計算してみましょう。縦の長さをx(m)とすると、横の長さは$16-x$(m)となるので、建物の面積は

$$
\begin{aligned}
&x(16-x) = 16x - x^2 \\
&= -x^2 + 16x = -(x^2 - 16x) \\
&= -(x^2 - 16x + 64 - 64) \\
&= -\{(x-8)^2 - 8^2\} \qquad \text{注：} x^2 - 16x + 64 = (x-8)^2 \text{を利用} \\
&= -(x-8)^2 + 64
\end{aligned}
$$

となりますから

縦の長さ：$x = 8$

横の長さ：$16 - x = 16 - 8 = 8$

のとき、つまり**正方形（キューブ型）の場合に面積が最大**となります。近年は、さまざまなローコスト住宅を見かけるようになりましたが、「広い家をお得に」する上でも、数学が使われています。

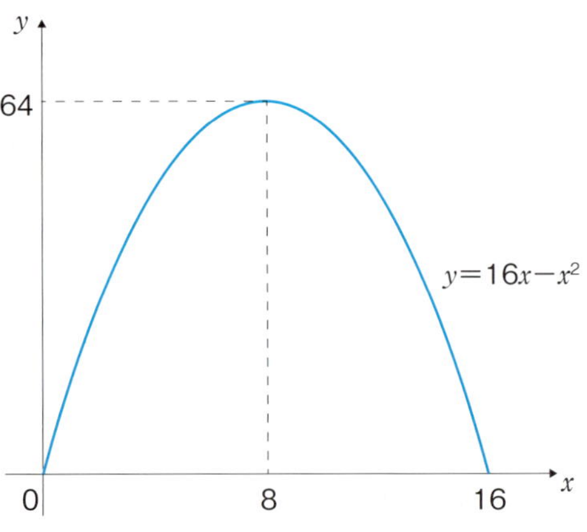

4-2 「BMI」を求める計算は2次関数の「決定問題」と同じ

2次関数の**決定問題**というものを覚えていますか？

> yはxの2乗に比例し、$x=3$のとき、$y=18$である。
> yをxの式で表しなさい。

このような問題です。初めて見かけるのは中学3年生の数学の教科書でしょうか？　問題文より「yがxの2乗に比例する」ので、

$$y = ax^2 \cdots\cdots ①$$

と置き、$x=3$、$y=18$を代入して解きます。

$$18 = a \times 3^2$$
$$18 = a \times 9$$
$$a = 2$$

となるので、①に代入して

$$y = 2x^2$$

が答えです。中学生が初めて学習する2次関数に慣れるために必要な問題なのですが、「こんなことを計算して何に使うのだろう？」と思った人もいるのではないでしょうか？　私自身、当時はそう思っていました。

ところが、実は意外なところでこの計算が使われているのです。それはBMI（Body Mass Index）の計算です。体格指数ともいわれています。

私もそうですが、年齢を重ねれば重ねるほど、体重やお腹周りが気になりだします。健康診断で「太らないように体重の増加には気をつけてくださいね」とお医者さんにいわれると「自分の体重は正常な範囲なのだろうか？」「太ってはいないだろうか？」と気になりだすものです。体格は見た目でも判断できますが、主観的なので、客観的な基準として数字が欲しくなります。そんなときに活躍するのがこのBMIです。

BMIは、ベルギーの数学者アドルフ・ケトレーが、統計データを活用して提案した指標で、

体重（kg）÷身長の2乗（m）

を計算することで求めることができます。ここで「身長をx、体重をy、BMIをa」と置き換えてみると、

$$a = y \div x^2 = \frac{y}{x^2}$$

となります。両辺にx^2を掛け算すると

$$ax^2 = y$$

となり、先ほど登場した2次関数の式が現れるのです。つまり、**BMIを求めることは、2次関数の決定問題を解くことと同じな**のです。

それでは、実際にBMIを求めてみましょう。なお、BMIを求める際に使う身長の単位は、私たちがよく使うセンチメートル(cm)ではなく、メートル(m)ですから、単位を変換する必要があります。例えば、身長150cm(単位をmに変換すると1.5m)、体重が49.5kgの人のBMIを求める場合は、$x = 1.5$、$y = 49.5$を代入して、

$$\mathrm{BMI}\,(a) = 49.5 \div (1.5)^2$$

$$= \frac{49.5}{1.5^2} = \frac{33}{1.5} = 22$$

と求めることができます。わが国では日本肥満学会がBMIの基準を提示しており、BMIが22のとき、統計上「病気にかかりにくい」とされています。そのためBMIの値は、22が標準です。この値を利用して、自分の標準的な体重を求めてみましょう。160cm(単位をmに変換すると1.6m)の人の標準の体重は、BMI$(a) = 22$、$x = 1.6$を代入して計算すると、

$$体重\,(y) = 22 \times (1.6)^2 = 56.32\,(\mathrm{kg})$$

と求めることができます。

日本肥満学会は、BMIの値が18.5未満の場合を低体重、BMIが18.5以上25未満の場合を普通体重としています。おおよその目安を**一覧表**にすると右ページのとおりです。

普段、BMIのグラフを見ると、**グラフ1**のように一部分が抽出されるため、2次関数であることをイメージしづらいのですが、**グラフ2**のように全体を描くと、BMIが2次関数のグラフであることがよくわかります。

BMIと肥満の関係

状態	低体重	標準	肥満（1度）	肥満（2度）
BMI	18.5	22.0	25.0	30.0
150cm（1.50m）	41.6kg	49.5kg	56.3kg	67.5kg
155cm（1.55m）	44.4kg	52.9kg	60.1kg	72.1kg
160cm（1.60m）	47.4kg	56.3kg	64.0kg	76.8kg
165cm（1.65m）	50.4kg	59.9kg	68.1kg	81.7kg
170cm（1.70m）	53.5kg	63.6kg	72.3kg	86.7kg

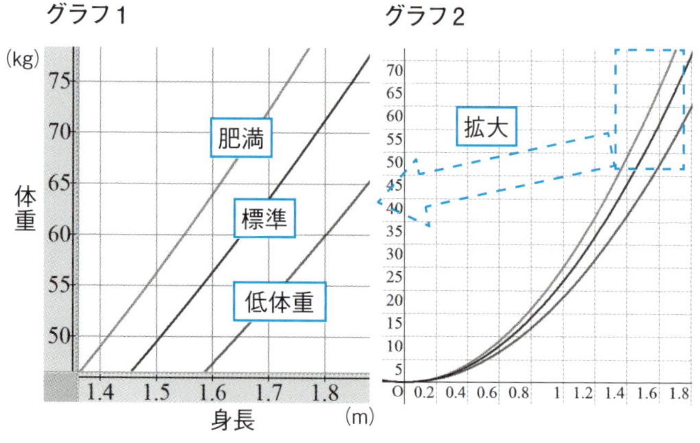

4-3 打ち上げ花火の残像は「放物線」を描いている

「ドカーーーン！！」

夏を彩る風物詩といえば、やはり打ち上げ花火でしょう。全国各地で行われる花火大会には、多くの方が参加して、にぎわっています。花火を打ち上げる原理を正確に解説すると専門的になりますが、基本的にはボール投げや噴水の原理と同じです。

ですから、打ち上げ花火の軌跡は下の図のような放物線を描くはずですが、私たちにはきれいな円状に見えます。ここでは、そんな花火の神秘に迫っていきましょう。

噴水が描く放物線

打ち上げられた花火が炸裂後、重力が働かない理想的な状況を考えてみると、次の図のように円状に広がって光ります。

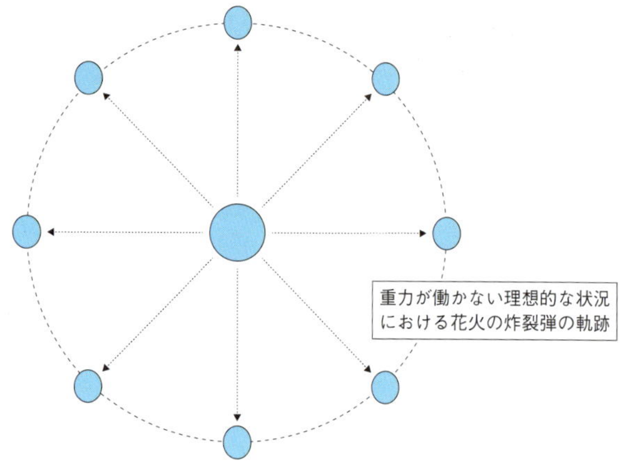

もちろん、地球には重力が働いていますから、実際には炸裂後に発射された物体は落下しているはずです。しかし、それぞれの物体が一定の距離だけ落下しているため、形が変わらず円状になるのです。そのとき炸裂した物体が落下するまでを1つ1つ追ってみると、次ページの図のように、実は放物線になっています。

その理由は、重力加速度をg、炸裂後の時間をxとすると、落下距離yは、

$$y = \frac{1}{2}gx^2$$

となり、2次関数となっているからです。

打ち上げ花火というと、円状に広がる神秘的な光が印象的ですが、残像を見つめていくと放物線が現れます。これからは「残像の放物線を追ってみる」——そんな楽しみ方をしてみてはいかがでしょうか？

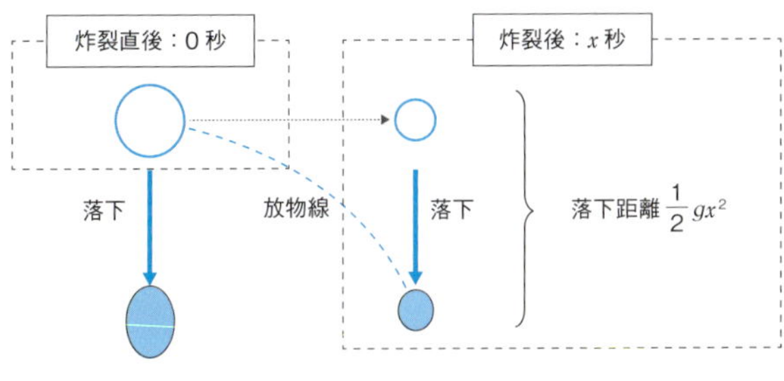

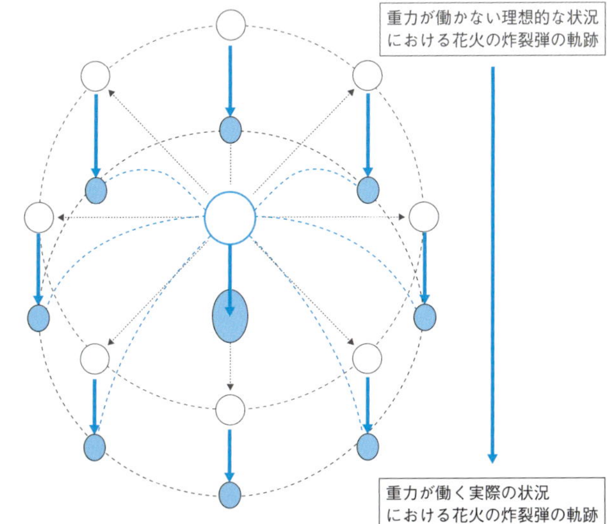

関門海峡花火大会（福岡県、山口県）

日田川開き観光祭「体感花火」（大分県）

4-4 予備校のパラボラアンテナと電気ストーブの共通点とは？

私がかつて浪人生として通い、また講師としても勤務した予備校の代々木ゼミナールでは、「サテライン」と呼ばれる衛星通信を利用した講義があります。東京で開かれている有名講師の講義を、全国どこでも受講できる魅力的なシステムです。代々木ゼミナールのサテラインのアンテナは、BS、CSと同じ**パラボラアンテナ**が使われていますが、このパラボラ（parabola）は**放物線**という意味です。

放物線は、対称軸に平行な光や電波を放物面で反射させ、**焦**

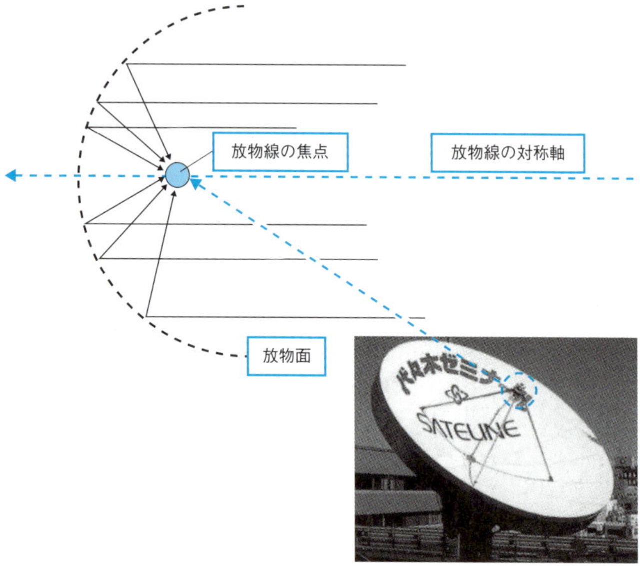

放物線の焦点

放物線の対称軸

放物面

提供：代々木ゼミナール

点と呼ばれる1点に集める性質があります。

パラボラアンテナはこの原理を利用して電波を集めますが、この原理を逆に利用したものもあります。それはサーチライトや車のヘッドライト、電気ストーブ（ハロゲンヒーターやカーボンヒーター）などです。いずれも反射板を利用することで、光を拡散させず、一定部分に強く、集中的に当たるようにしています。

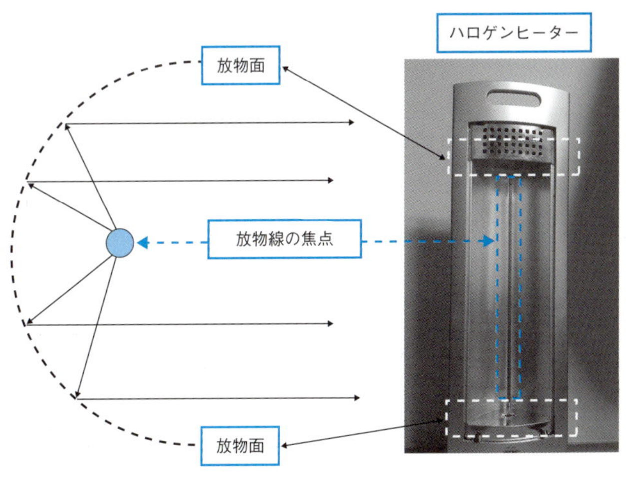

光や電波を「効率よく集める」そして「効率よく当てる」ために放物線、つまり2次関数の性質を利用しているのです。私たちの周りには、いろいろなところで2次関数が用いられています。探してみると意外な発見があるかもしれません。

なお、**懐中電灯**も、前記の性質により光を拡散させず1点を照らしますが、**非常時に光を拡散させたい場合**もあるでしょう。そんなときは**図1**のように、懐中電灯にレジ袋をかぶせます。ただし、長時間使用するとレジ袋の中が熱くなるので、十分注意してください。図2のように、水を入れたペットボトルを懐中電灯の上に載せて光を拡散させる方法もあります。懐中電灯が小さい場合は、図3のようにコップの中に懐中電灯を入れ、その上にペットボトルを置いて照らす方法、もしくは図4のように、ペットボトルを懐中電灯で上から照らす方法もあります。

最近のスマホには「ライト機能」がついているので、懐中電灯と同じように光を拡散できますが、明るさは懐中電灯に比べて劣ります(図5、図6)。また、非常時はスマホが大切な連絡手段となるので、懐中電灯を別途準備しておきましょう。懐中電灯には乾電池が必要ですが、乾電池は放電するため、長時間放置していると電池容量が低下していきます。そのため、水を入れると放電し始める**水電池**をセットで用意するのもよいでしょう。

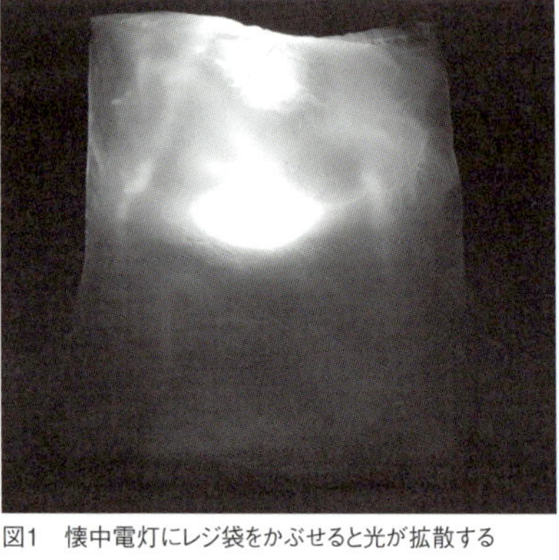

図1　懐中電灯にレジ袋をかぶせると光が拡散する

図2　水を入れたペットボトルを懐中電灯の上に載せても光が拡散する

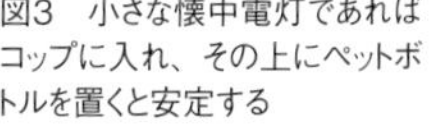

図3　小さな懐中電灯であればコップに入れ、その上にペットボトルを置くと安定する

図4　小さな懐中電灯をペットボトルの口に差し込んで安定させ、中の水を照らして光を拡散させる

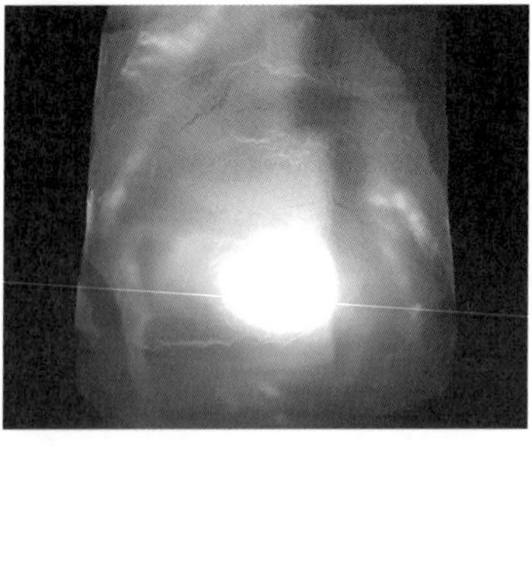

図5　「ライト機能」使用中のスマホにレジ袋をかぶせたところ。光が拡散するが、やや弱い

図6　「ライト機能」使用中のスマホをペットボトルの背後から照らしたところ。懐中電灯と比べてやや弱い光だ

4-5 1次関数で表される「空走距離」2次関数で表される「制動距離」

新年度を迎えると、さまざまな行事や仕事が重なって忙しくなり、普段以上に交通事故が心配されるため、「春の全国交通安全運動」が実施されています。都道府県によっては「スピードダウンを呼びかける日」など、詳細に設定されています。

このような交通安全運動を呼び掛ける理由は、自動車の速度が遅ければ遅いほど、ブレーキをかけてから停止するまでの距離が短くなり安全だからです。もちろん直感的に、速度が遅いほど安全なことは理解できると思いますが、「どのくらい安全なのか？」を考えると、なかなか答えられないのではないでしょうか？　自動車が安全に停止する距離にも、数学の原理が隠れています。ここでは、自動車の停止に関する数学の原理を探っていきましょう。

ドライバーが自動車にブレーキをかけるため、アクセルペダルからブレーキペダルへ足をずらして踏み込み、ブレーキが利き始めるまでの時間を**空走時間**、その間に車が進む距離を**空走距離**と

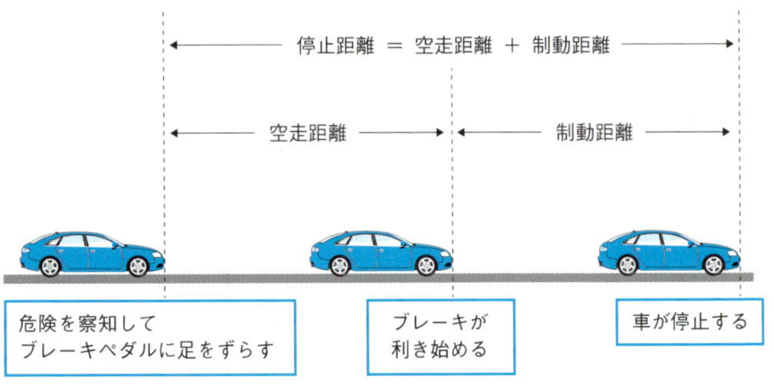

いいます。さらに、ブレーキが利き始めてから、自動車が完全に止まるまでの距離を**制動距離**といいます。**車両が停止する距離は、空走距離と制動距離を合わせた距離**で求めることができます。

まずは、空走距離から考えていきましょう。空走時間の平均は0.75秒といわれています。内訳は**次の表**のとおりです。

空走時間	0.75秒
アクセルペダルから足をずらすまでの時間	0.4～0.5秒
ブレーキペダルに足を載せる時間	0.2秒
ペダルを踏み込む時間	0.1～0.3秒

空走時間がわかれば、空走距離を具体的に求めることができます。ただし、空走距離を求めるためには、時速から秒速へ単位を変換する必要があります。私たちが乗る自動車の速度計（スピードメーター）は時速○km（1時間に○km進む）と表示されています。

しかし、私たちが進む距離を考えるときには、秒速□m（1秒に□m進む）もよく使うので、時速と秒速の変換の一覧を**次ページの表**にまとめました。対応関係は、

1km = 1,000m

1時間 = 60分 = 60 × 60秒 = 3,600秒

を利用して計算しています。

なお、時速と秒速の関係は、数式で表すことができます。時速をx（km）、秒速をy_1（m）とすると、

時速と秒速の関係

時速	秒速	計算式
時速10km	秒速2.78m	10×1000÷3600=2.77777…
時速20km	秒速5.56m	20×1000÷3600=5.55555…
時速30km	秒速8.33m	30×1000÷3600=8.33333…
時速40km	秒速11.11m	40×1000÷3600=11.11111…
時速50km	秒速13.89m	50×1000÷3600=13.88888…
時速60km	秒速16.67m	60×1000÷3600=16.66666…
時速70km	秒速19.44m	70×1000÷3600=19.44444…
時速80km	秒速22.22m	80×1000÷3600=22.22222…
時速90km	秒速25.00m	90×1000÷3600=25

$$x \times 1000 \div 3600 = y_1$$

$$\frac{x \times 1000}{3600} = y_1$$

$$y_1 = \frac{5}{18}x$$

と表すことができます。（速さ）×（時間）＝（距離）ですから、空走時間を0.75とすると、下記の表から空走距離を求めることができます。

時速ごとの空走距離

時速	空走距離	計算式
時速10km	2.08m	10×1000÷3600×0.75=2.083333…
時速20km	4.17m	20×1000÷3600×0.75=4.166666…
時速30km	6.25m	30×1000÷3600×0.75=6.25
時速40km	8.33m	40×1000÷3600×0.75=8.333333…
時速50km	10.42m	50×1000÷3600×0.75=10.41666…
時速60km	12.50m	60×1000÷3600×0.75=12.5
時速70km	14.58m	70×1000÷3600×0.75=14.58333…
時速80km	16.67m	80×1000÷3600×0.75=16.66666…
時速90km	18.75m	90×1000÷3600×0.75=18.75

なお、時速と空走距離の関係式もつくることができます。時速をx(km)、空走距離をy_2(m)とすると、

$$x \times 1000 \div 3600 \times 0.75 = y_2$$

$$\frac{x \times 1000}{3600} \times \frac{3}{4} = y_2$$

$$y_2 = \frac{5}{24} x$$

と表すことができます。時速と秒速の関係が1次関数で、**空走距離は秒速に0.75という定数を掛け算しているだけ**ですから、同様に1次関数となります。

前記の表によると、時速60kmで車が走行している場合、ブレーキをかけ始めるまでに12.5mも進んでしまいますから驚きです。実際はこの空走距離に、制動距離が加わりますから、車両が完全に停止するまでの距離はさらに伸びます。

そこで、次は制動距離を求めます。重力加速度を$g = 9.8$、摩擦係数をμ、時速をx(km)とすると、制動距離y_3(m)は、

$$y_3 = \frac{1}{254.016\,\mu} x^2 \fallingdotseq \frac{1}{254\,\mu} x^2$$

となります。くわしい算出の方法は、後述します。

乾いたアスファルトやコンクリートの摩擦係数(μ)を平均0.7として上記の式を利用すると、制動距離は**次ページ上の表**のとおりです。

空走距離と制動距離を合わせてまとめると**次ページ下の表**のとおりです。この表を参考にすると、時速60kmの場合、停止距離は30mを超えてしまいます。この事実を考慮すると、車間距離

時速ごとの制動距離

時速	制動距離	計算式
時速10km	0.56m	$10^2 \div (254.016 \times 0.7) = 0.56239\cdots$
時速20km	2.25m	$20^2 \div (254.016 \times 0.7) = 2.24958\cdots$
時速30km	5.06m	$30^2 \div (254.016 \times 0.7) = 5.06155\cdots$
時速40km	9.00m	$40^2 \div (254.016 \times 0.7) = 8.99831\cdots$
時速50km	14.06m	$50^2 \div (254.016 \times 0.7) = 14.05986\cdots$
時速60km	20.25m	$60^2 \div (254.016 \times 0.7) = 20.24619\cdots$
時速70km	27.56m	$70^2 \div (254.016 \times 0.7) = 27.55732\cdots$
時速80km	35.99m	$80^2 \div (254.016 \times 0.7) = 35.99323\cdots$
時速90km	45.55m	$90^2 \div (254.016 \times 0.7) = 45.55394\cdots$

時速ごとの停止距離（空走距離＋制動距離）

時速	空走距離	制動距離	停止距離
時速10km	2.08m	0.56m	2.64m
時速20km	4.17m	2.25m	6.42m
時速30km	6.25m	5.06m	11.31m
時速40km	8.33m	9.00m	17.33m
時速50km	10.42m	14.06m	24.48m
時速60km	12.50m	20.25m	32.75m
時速70km	14.58m	27.56m	42.14m
時速80km	16.67m	35.99m	52.66m
時速90km	18.75m	45.55m	64.30m

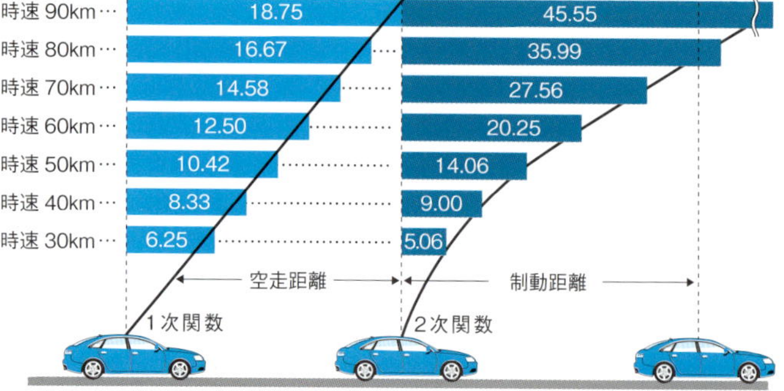

空走距離は1次関数、制動距離は2次関数で表される

は40m（時間にして3秒程度）は必要になります。自動車教習所で「車間距離は長くとりましょう」と何度もいわれる理由が、この2乗に比例する停止距離にあるわけです。

●制動距離y_3の計算方法

制動距離を求めるための準備をします。重力加速度をg、自動車の質量をmとします。自動車が地面に及ぼす力を重力といい、

$$(\text{車の質量}) \times (\text{重力加速度}) = mg$$

と表せます。自動車の力が一方的に地面にかかるだけであれば、自動車は地面にめり込んでいき、大惨事になります。

そうならないのは、地面が垂直抗力N（Normal force）と呼ばれる力で、自動車を押し返しているからです。この関係を式にすると、

$$N = mg$$

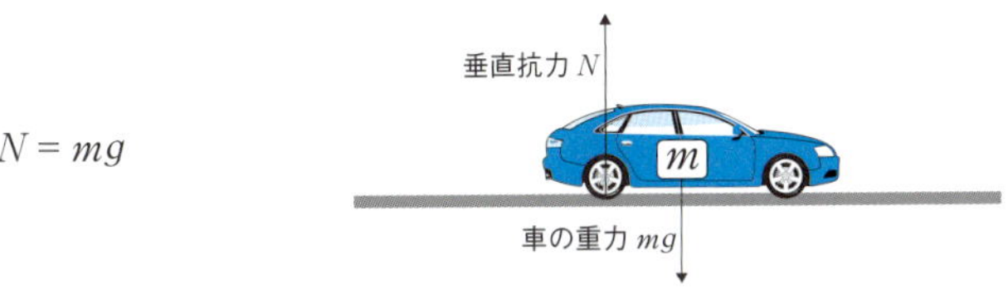

となります。次に動摩擦力をf、動摩擦係数をμ、車の加速度をa、車の速度をv、ブレーキが利き始めるときの速度（初速度）をv_0とします。

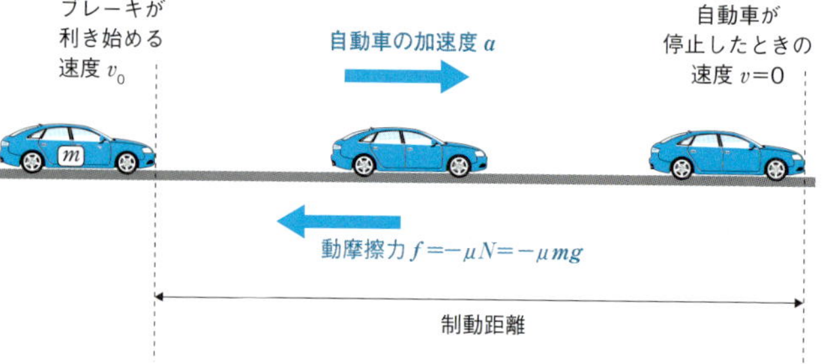

動摩擦力fは、(動摩擦係数) × (垂直抗力) で求まるので、

$$f = -\mu N = -\mu mg$$

これが加速度a、質量mの自動車による力 (ma) と釣り合うときの条件は、

$$ma = -\mu mg$$
$$a = -\mu g$$

ここで、高校の物理で学ぶ以下の公式 (求める速度v、初速度v_0、進む距離y_3) を利用します。

$$v^2 - v_0^2 = 2ay_3$$

今回、求める速度vは停止速度のため、$v = 0$より、

$$0^2 - v_0^2 = 2 \times (-\mu g) \times y_3$$

$$-v_0^2 = -2\mu g y_3$$

$$y_3 = \frac{1}{2\mu g} v_0^2$$

私たちが物理などの公式で使う速度は「秒速v m（vm/s）」ですが、自動車の速度計に表示されている速度は、「時速$x$km（$x$km/h）」ですから、時速x（km）と秒速v（m）の関係式を求めると、

秒速v（m）＝分速$60v$（m）＝時速$60 \times 60v$（m）＝時速$3600v$（m）
＝時速$3.6v$（km）

上記の関係から、$x = 3.6v$、$v = \frac{1}{3.6}x$となります。
重力加速度$g = 9.8$として、以下の①式を代入していくと、

$$y_3 = \frac{1}{2\mu g} v^2 \quad \cdots\cdots ①$$

$$= \frac{1}{2\mu \times 9.8} \times \left(\frac{1}{3.6}x\right)^2$$

$$= \frac{1}{19.6 \times 3.6^2 \mu} x^2$$

$$= \frac{1}{254.016\mu} x^2$$

書籍によっては、小数点以下を四捨五入して

$$y_3 = \frac{1}{254\mu} x^2$$

と表記してあるものが多いです。また、重力加速度$g = 10$として、

$$y_3 = \frac{1}{2\mu g} v^2$$

$$= \frac{1}{2\mu \times 10} \times \left(\frac{1}{3.6} x \right)^2$$

$$= \frac{1}{20 \times 3.6^2 \mu} x^2$$

$$= \frac{1}{259.2\mu} x^2$$

と計算した後、小数点部分を四捨五入して、

$$y_3 = \frac{1}{259\mu} x^2$$

としてあるものもあります。どちらの式も同じことですが、重力加速度gを9.8とするか、10とするかで、計算結果が少し変わっているのです。

4 6 頻繁に車線変更して追い越しする「ジグザグ運転」はコスパ最悪

2007年、N700系の車両が新幹線に導入されたとき「N700系は従来の700系と比べ、カーブが多い東海道区間では頻繁に減速せずに済むため、東京駅—新大阪駅の運行時間を5分ほど短縮できる」というニュースがありました。

東京駅—新大阪駅の距離は550kmもあります。**550kmという長距離を減速回数の削減で短縮できた時間がわずか5分**ですから、減速回数を減らすことだけで時間を短縮するのがいかに難しいかわかります。

この事実を考慮すると、頻繁に車線を変更して減速の回数を減らすジグザグ運転は、信号機が多くある道路において、あまり効果がないことがわかります。速度を上げれば時間を短縮できそうな感じもしますが、例えばジグザグ運転で5秒稼いでも、赤信号で30秒停止したら、稼いだ5秒がむだになり、意味がありません。この例からもわかるように、時間短縮にいちばん影響を与えるのは**停車回数・停車時間**なのです。

このように冷静に考えれば、**ジグザグ運転に効果がない**ことはすぐわかりますが、実際はなかなか減りません。減らない理由は、「ジグザグ運転で時間短縮ができる」と思われていることに加え、あまり危険性が認識されていないからかもしれません。

実は、追い越しに必要な距離や時間を具体的な数字で求めると、ジグザグ運転は、私たちが考えている以上に危険な行為だとわかります。ここでは具体な例題を通して、追い越しに必要な距離や時間を求めてみましょう。間違いなく交通安全の意識が高まります。

●例題

時速50kmで前を走行している乗用車があります。時速70kmで追い越すために必要な時間(t)と距離(X)を求めてみましょう。2台の車両の全長は、それぞれ5mとします。

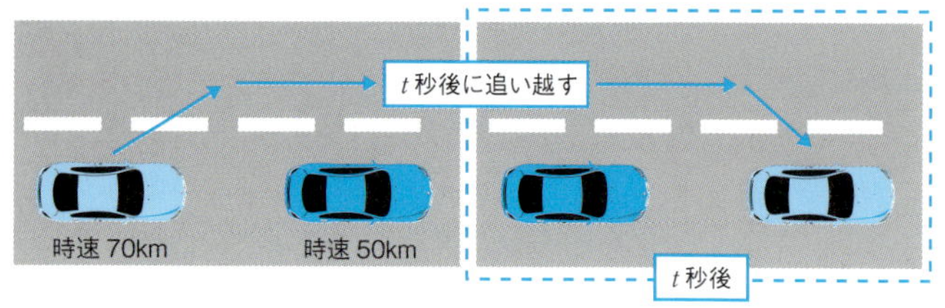

まず、時速x(km)を、秒速v(m)に単位変換します。変換式は先ほど66ページで求めた

$$v = \frac{1}{3.6}x$$

を利用します。

時速50kmの場合、「$x = 50$」を代入して、

$$(\text{秒速})\ v = \frac{1}{3.6} \times 50 = \frac{50}{3.6} = \frac{500}{36} = \frac{125}{9}\ (\text{m})$$

となります。

時速70kmの場合、「$x = 70$」を代入して、

$$(\text{秒速})\ v = \frac{1}{3.6} \times 70 = \frac{70}{3.6} = \frac{700}{36} = \frac{175}{9}\ (\text{m})$$

となります。

車間距離をA、時速50kmで前を走行している乗用車が進む距離をyとすると、位置関係は下の図のようになります。

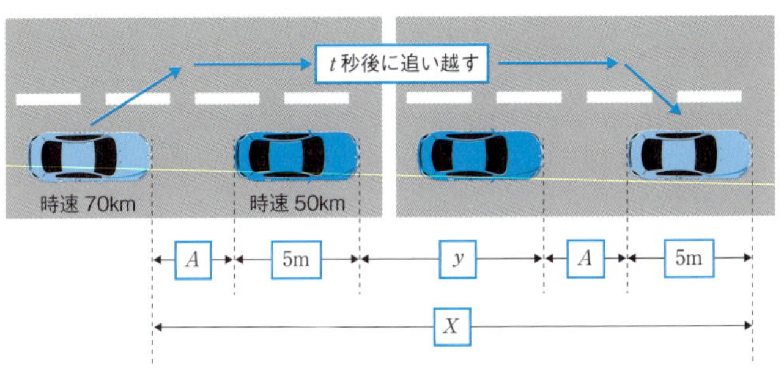

この関係を式にすると、

$$X = A + 5 + y + A + 5 = 2A + 10 + y$$

となります。時速70km$\left(\text{秒速}\dfrac{175}{9}\text{ m}\right)$の車両が$t$秒後に進む距離$X$は「速さ×時間」より、

$$X = \frac{175}{9}t$$

時速50km$\left(\text{秒速}\dfrac{125}{9}\text{ m}\right)$の車両が$t$秒後に進む距離$y$は「速さ×時間」より、

$$y = \frac{125}{9}t$$

となります。時速70kmの場合は停止距離が42.14mのため(63ページ下の表を参照)、車間距離Aを50mに設定して、$X = 2A + 10 + y$に代入すると、

$$\frac{175}{9}t = 2 \times 50 + 10 + \frac{125}{9}t$$

$$\frac{50}{9}t = 110$$

$$50t = 990$$

$$t = 19.8$$

となります。この結果から、時速70kmで走行している車両が時速50kmで走行している車両を追い抜くには、20秒近くもかかることがわかります。そして、このときに進む距離は、

$$\frac{175}{9} \times 19.8 = 385\,(\mathrm{m})$$

です。追い抜くには、これだけの距離が必要になるのです。もちろん、車間距離を縮めたり、追い抜くときのスピードをさらに上げればこの距離を短くできますが、危険度が上昇します。

参考として、時速50kmの車を時速80kmおよび90kmで追い抜くまでの時間と距離を求めると次の表のようになります。時速を速めれば車間距離を長くとる必要がありますから、やはり追い越し距離は300m以上必要になりそうです。ジグザグ運転をしても時間短縮はあまり見込めません。無理な追い越しは事故の元ですから、気をつけて気持ちのよい車両運行に努めたいものです。

	車間距離の設定	追い越し時間	追い越し距離
時速70km	50m	19.8秒	385m
時速80km	60m	15.6秒	346.6666m
時速90km	70m	13.5秒	337.5m

Column

新幹線の「こだま」や「ひかり」は「遅く」はない

私は新幹線の「こだま」が好きで、博多駅―小倉駅間をよく利用します。博多駅―小倉駅間は67.2kmですが、実は新幹線「のぞみ」「ひかり」「こだま」(九州新幹線では「みずほ」「さくら」「つばめ」)のどれを利用しても、途中に停車駅がないので、所要時間の差はさほどありません。

「のぞみ、ひかり、こだま、みずほ、さくら、つばめのどれに乗ったら早く着くの?」と聞かれることがありますが、どれに乗車しても16〜17分で、大きくは変わりません。

また、長距離でも停車駅数が同じなら、所要時間に大きな差はありません。例えば、岡山駅―新大阪駅間は約180kmですが、「さくら」と「のぞみ」の所要時間はどちらも45分です。

私はかつて「のぞみとこだまの速度に大きな差がないのに、所要時間に大きな差がある」のが疑問だったので、博多駅から新大阪駅へ「こだま」に乗って出かけたことがあります。このとき「こだま」に長時間乗車することで、「駅に停車してから出発するまでの時間が長い」ことに気づきました。いちばん長く停車していた駅は岡山駅で、26分間でした。

「のぞみ」と「こだま」は、博多駅―新大阪駅間で**停車時間に約100分もの差**があるのです。つまり、こだまは「遅い」のではなく、「停車駅が多くて停車時間が長いから時間がかかる」のです。

第5章

桁外れのもの同士を比較できる「指数」「対数」

人類は進化するにつれ、扱う数が大きくなりました。長い言葉をコンパクトに表す略語があるように、数をコンパクトに表す手段が必要になったわけです。そこで登場したのが指数、対数です。指数、対数がコンパクトにした世界を見ていきましょう。

「約600000000000000000000000」をわかりやすく表現する方法

「約600000000000000000000000」といわれて、何のことかすぐにわかりますか？

これは高等学校の化学で習う**アボガドロ定数**なのですが、0の数が多すぎて何のことかわかりません。では、桁区切りにカンマを入れて、「約600,000,000,000,000,000,000,000」とすればよいのかというと、この表し方も0とカンマの数が多すぎてよくわかりません。日本で使われている「一十百千万億兆……」と続く数の単位を使って、約六千垓（約6000垓）と書いても、日常的に利用しないのでよくわかりません。

アボガドロ定数のように、私たちが日常で使う数よりはるかに大きい数は、なじみがないので理解しにくいのです。そこで、私たちが日常で使わない数を、日常的に使う数に変換するツールが**指数**、**対数**なのです。

指数の場合、約600,000,000,000,000,000,000,000は、0が23個ありますから、まとめて、

$$約600,000,000,000,000,000,000,000 = 約6 \times 10^{23}$$

と表します。このように「シンプルにまとめよう」という発想こそ指数なのです。

なお、もっとまとめる方法があります。約600,000,000,000,000,000,000,000は0が23個ありますから「答えを23にしよう」とする発想が対数です。アボガドロ定数6×10^{23}は24桁ですから、「桁に注目して考える」というイメージにも置き換えられますね。

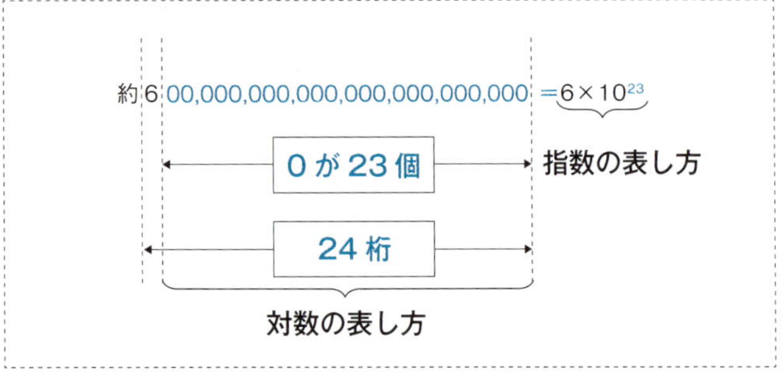

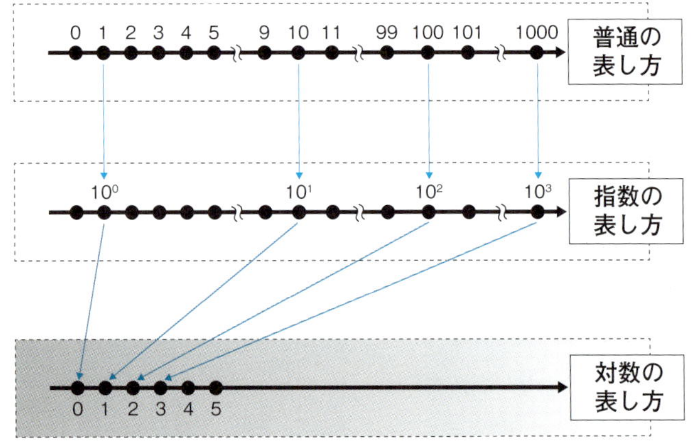

検索エンジンで有名な会社といえばGoogleです。Googleの社名の由来は、創始者の1人であるラリー・ペイジ氏が**巨大数のグーゴル（googol）のスペルを間違えたから**といわれています。今では「googol」と検索すると「googleではありませんか？」と逆に問い直されるほど有名な企業となりましたが、由来の元となった1グーゴルとは10^{100}（10の100乗）のことです。

まともに表記すると、**0が100個**あるのですから、

「10, 000, 000, 000, 000, 000, 000, 000, 000, 000, 000, 000, 000, 000, 000, 000, 000, 000, 000, 000, 000, 000, 000, 000, 000, 000, 000, 000, 000, 000, 000, 000, 000, 0 00, 000, 000, 000, 000, 000」

となります。残念ながら、日本で使用されている数の単位の最大は、無量大数(むりょうたいすう)で10^{68}ですから、10^{100}には遠く及びません。現代は高性能なコンピュータが普及し、このような巨大な数を扱う機会もありますから、指数のようにコンパクトに表す機会がより増えてくるでしょう。なお、日本古来の数の単位は下のとおりです。

一(いち)	10^{0}
十(じゅう)	10^{1}
百(ひゃく)	10^{2}
千(せん)	10^{3}
万(まん)	10^{4}
億(おく)	10^{8}
兆(ちょう)	10^{12}
京(けい)	10^{16}
垓(がい)	10^{20}
秭(じょ)	10^{24}
穣(じょう)	10^{28}

溝(こう)	10^{32}
澗(かん)	10^{36}
正(せい)	10^{40}
載(さい)	10^{44}
極(ごく)	10^{48}
恒河沙(ごうがしゃ)	10^{52}
阿僧祇(あそうぎ)	10^{56}
那由他(なゆた)	10^{60}
不可思議(ふかしぎ)	10^{64}
無量大数(むりょうたいすう)	10^{68}

5-2 「キロ」「センチ」「ミリ」――身近な単位には指数が隠れている

先ほどはコンパクトにまとめる方法として指数を紹介しましたが、もしかすると「指数を使ってコンパクトにまとめる機会なんてないよ」と思うかもしれません。しかし**指数の中には、コンパクトにまとめすぎたために隠れてしまっているもの**があります。それは、センチメートル(cm)、ミリグラム(mg)の単位の前にあるセンチ(centi)やミリ(milli)などです。

例えば、先ほど登場したBMIの計算をするためには、身長の単位をセンチメートル(cm)からメートル(m)に変換する必要がありました。そのため、

$$150\text{cm} = 1.5\text{m}$$

と単位を変換しています。この単位変換はなじみのある方が多いので途中の計算を省略しましたが、本来なら単位の変換にも計算が必要なはずです。そこで単位変換の計算を省略せず書くと、センチメートル(cm)のセンチ(c)は「10^{-2}倍($\times 10^{-2}$)」を表す記号ですから、

$$150\text{cm} = \boxed{150 \times 10^{-2}\text{m} = 150 \times 0.01\text{m} =} \; 1.5\text{m}$$

となっています。この式からわかるように、-------- の部分を省略しているだけで、実は普段から指数に触れているのです。このような例は、ほかにもいろいろあり、例えば、時速と分速の単位変換をするときには、

$$1\text{km} = 1000\text{m}$$

という単位の変換をしています。キロメートル(km)のk(キロ)は「10^3倍($\times 10^3$)」を表す記号ですから、

$$1\text{km} = 1 \times 10^3\text{m} = 10^3\text{m} = 1000\text{m}$$

です。キロメートル(km)とメートル(m)の変換は、よく行いますね。不動産などの広告では「駅まで徒歩10分」といった表記をよく見かけますが、これは「徒歩を分速80m相当」として計算しています。この関係を利用すると1時間(60分)歩いた場合、

$$80 \times 60\text{m} = 4800\text{m} = 4.8 \times 1000\text{m} = 4.8 \times 10^3\text{m} = 4.8\text{km}$$

進みますから、徒歩は時速4.8km相当とわかります。

もう1つ例を挙げると、栄養ドリンクのパッケージ表記でおなじみの「タウリン1000mg配合」のミリ(milli)は「10^{-3}倍($\times 10^{-3}$)」を表す記号ですから、

$$1000\text{mg} = 1000 \times 10^{-3}\text{g} = 1000 \times 0.001\text{g} = 1\text{g}$$

と単位変換ができます。

これらの例からわかるとおり、私たちが普段何気なく使う用語にも、実は指数が隠れているのです。**指数を隠す身近な記号**をまとめると次表のとおりです。

名称	記号(英語)	掛ける量
ヨタ	Y(Yotta)	10^{24}
ゼタ	Z(Zetta)	10^{21}
エクサ	E(Exa)	10^{18}
ペタ	P(Peta)	10^{15}
テラ	T(Tera)	10^{12}
ギガ	G(Giga)	10^{9}
メガ	M(Mega)	10^{6}
キロ	k(kilo)	10^{3}
ヘクト	h(hecto)	10^{2}
デカ	da(deca)	10^{1}
デシ	d(deci)	10^{-1}
センチ	c(centi)	10^{-2}
ミリ	m(milli)	10^{-3}
マイクロ	μ(micro)	10^{-6}
ナノ	n(nano)	10^{-9}
ピコ	p(pico)	10^{-12}
フェムト	f(femto)	10^{-15}
アト	a(atto)	10^{-18}
ゼプト	z(zepto)	10^{-21}
ヨクト	y(yocto)	10^{-24}

5-3 「指数関数」を使えば「全員が目を開けた集合写真」を撮れる

皆を笑わせ、考えさせてくれる研究に対して与えられる賞に**イグ・ノーベル賞**があります。イグ・ノーベル賞は、ノーベル賞のパロディとして親しまれていますが、ノーベル賞と違うのは**数学賞があるところ**です。今回はその中から、2006年に数学賞となった『Blink－free photos, guaranteed（まばたきのない写真をお約束します）』を紹介します。

集合写真を撮るとき、誰かが目を閉じてしまうことはよくありますが、この研究は「誰も目をつぶっていない写真を撮るためには何枚撮ればよいのか」の公式を導き、実験したものです。

集合写真の人数をn、まばたきによって写真を台なしにしてしまう時間をt、まばたきの予想回数をxとするとき、まばたきのない写真を撮るためには、

$$\frac{1}{(1-xt)^n}\ (回)$$

撮影するとよいのです。

この公式は「よい写真を撮影するために必要な回数も示している」と、著者は述べています。この公式の成り立ちを、「被写体1人」を撮影する場合で考えてみましょう。条件として、

「人がまばたきする回数は1分間（＝60秒間）に20回程度」
「まばたきの時間は平均300ミリ秒間（＝0.3秒間）」

とします。

本来は、明るい場所で撮影するときのカメラのシャッター時間「約8ミリ秒」、暗い場所で撮影するときのカメラのシャッター時間「約125ミリ秒」を「まばたきの時間」に加えて、「まばたきによって写真を台なしにしてしまう時間(t)」としますが、今回は簡易的に、「まばたきによって写真を台なしにしてしまう時間(t) = まばたきの時間」とします。条件より、

1秒間にまばたきする予想回数は$\frac{20}{60} = \frac{1}{3}$（回）

となるので、カメラのシャッターを押すときにまばたきしている確率は、

$$(\text{まばたきの予想回数} : x) \times (\text{まばたきの時間} : t)$$
$$= \frac{1}{3} \times 0.3 = 0.1$$

となります。シャッター時にまばたきしていない確率は、全体の1（= 100%）から引いて、

$$1 - xt$$
$$= 1 - 0.1 = 0.9\ (= 90\%)$$

です。この結果から、まばたきしない写真を撮るために必要な回数は、

$$\frac{1}{1 - xt}$$

$$= \frac{1}{0.9} = \frac{10}{9}$$

$$= 1.11111\cdots（回）$$

となりますから、1人の撮影は1枚ないし2枚で大丈夫そうです。

人数が多くなり9人、12人、15人……となった場合は$n = 9$、$n = 12$、$n = 15$として計算します。具体的に計算してみましょう。

●9人を撮影する場合（$n = 9$）

$$\frac{1}{(1 - xt)^9}$$

$$= \frac{1}{0.9^9}$$

$$= \frac{1}{0.387420489\cdots}$$

$$= 2.5811747917\cdots$$

より、3枚程度撮るとよいようです。

●12人を撮影する場合（$n = 12$）

$$\frac{1}{(1 - xt)^{12}}$$

$$= \frac{1}{0.9^{12}}$$

$$= \frac{1}{0.2824295365\cdots}$$

$= 3.5407061614\cdots$

より、4枚程度撮るとよいようです。

●15人を撮影する場合($n = 15$)

$$\frac{1}{(1 - xt)^{15}}$$

$$= \frac{1}{0.9^{15}}$$

$$= \frac{1}{0.205891132\cdots}$$

$$= 4.8569357496\cdots$$

より、5枚程度撮るとよいようです。

実は、『Blink－free photos, guaranteed』の論文には、紹介した公式と合わせて、簡単に「何枚撮ればよいか」を求める方法も紹介されています。

●20人以下の集合写真の場合

集合写真の人数÷3(ただし暗い場合は集合写真の人数÷2)

例

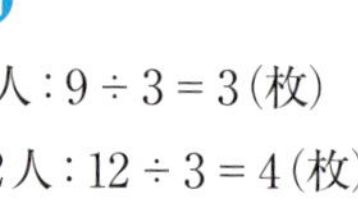

9人：9÷3＝3(枚)

12人：12÷3＝4(枚)

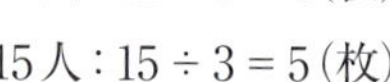

15人：15÷3＝5(枚)

上記の枚数を撮影すると、まばたきをした人がいない集合写真を撮れるそうです。データから導き出されたユニークな公式ですから、この枚数を撮れば、よい思い出写真が撮れそうですね。

「ねずみ講」のインチキは「方程式」を使えば一目瞭然

「ねずみがある一定の期間でどれだけ増殖するのか」を具体的に計算したものを**ねずみ算**といいますが、このねずみ算を犯罪に応用したテクニックが**ねずみ講**（**無限連鎖講**）です。

ねずみ講への勧誘の常套句は「1カ月に2人、入会させてください。後は、入会した2人がさらに新しい入会者を2人ずつ増やすので、それらの会員の入会費の一部が紹介料としてあなたの懐に入ってきます。確実に儲かりますよ」というものです。「1カ月に2人を入会させるのなら、私にもできそうかな」と軽い気持ちで始められそうなところが、ねずみ講のわなです。

しかし、この勧誘モデルは遅かれ早かれ**必ず破綻する**のがおわかりでしょうか？　では破綻する過程を計算していきましょう。1カ月ごとに2人入会させる場合、**下の図**のように会員は増加していきます。

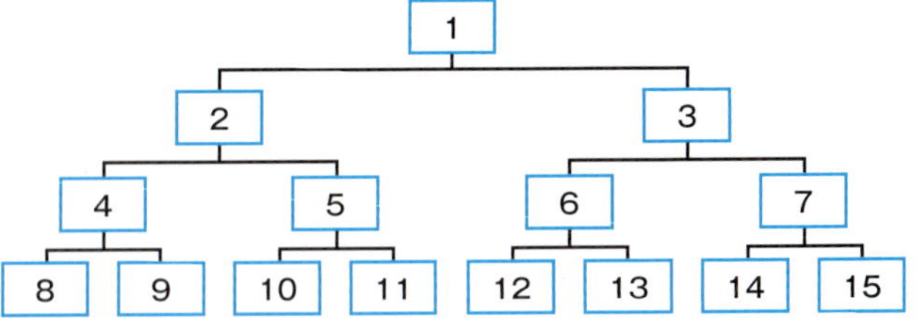

1カ月目の会員数は1名でも、この1名が2人紹介するので、2カ月目の会員数の合計は1＋1×2＝1＋2＝3人となります。**上の図**は4カ月目までの会員数です。

3カ月目

会員数の合計は、2カ月目に新規入会した2名が2名ずつ勧誘するので、$1+2+2\times2=1+2+4=7$人となります。

4カ月目

会員数の合計は、3カ月目に新規入会した4名が2名ずつ勧誘するので、$1+2+4+4\times2=1+2+4+8=15$人となります。

5カ月目

会員数の合計は、4カ月目に新規入会した8名が2名ずつ勧誘するので、$1+2+4+8+8\times2=1+2+4+8+16=31$人となります。

6カ月目

会員数の合計は、5カ月目に新規入会した16名が2名ずつ勧誘するので、$1+2+4+8+16+16\times2=1+2+4+8+16+32=63$人となります。

このように増加させていくと、**次ページの表**のように、27カ月目には1億3,400万人を超え、なんと日本の人口を突破します。日本人全員以上の勧誘は物理的にできませんから、やがて勧誘が止まり破綻します。

ねずみ講の勧誘に限らず、「架空請求などは自分には関係ないだろう」「そんな古典的な詐欺には引っかからないだろう」と油断している隙に、勧誘する相手はやってきます。

私は「架空請求」と「ねずみ講の勧誘」のどちらもされたことがありますが、**いざ自分の身になってみると、意外と焦ってしまい、冷静な判断ができなくなる**ものです。冷静に判断するためにも、事前に「なぜありえないのか」を理解しておくことが大切ですね。

	勧誘人数	計算式
1カ月目	1	1
2カ月目	3(=2^2−1)	1+2
3カ月目	7(=2^3−1)	1+2+4
4カ月目	15(=2^4−1)	1+2+4+8
5カ月目	31(=2^5−1)	1+2+4+8+16
6カ月目	63(=2^6−1)	1+2+4+8+16+32
7カ月目	127(=2^7−1)	1+2+4+8+16+32+64
8カ月目	255(=2^8−1)	1+2+4+8+16+32+64+128
9カ月目	511(=2^9−1)	⋮
10カ月目	1023(=2^{10}−1)	
11カ月目	2047(=2^{11}−1)	
12カ月目	4095(=2^{12}−1)	
13カ月目	8191(=2^{13}−1)	
14カ月目	16383(=2^{14}−1)	
15カ月目	32767(=2^{15}−1)	
16カ月目	65535(=2^{16}−1)	
17カ月目	131071(=2^{17}−1)	
18カ月目	262143(=2^{18}−1)	
19カ月目	524287(=2^{19}−1)	
20カ月目	1048575(=2^{20}−1)	
21カ月目	2097151(=2^{21}−1)	
22カ月目	4194303(=2^{22}−1)	
23カ月目	8388607(=2^{23}−1)	
24カ月目	16777215(=2^{24}−1)	
25カ月目	33554431(=2^{25}−1)	
26カ月目	67108863(=2^{26}−1)	
27カ月目	134217727(=2^{27}−1)	

新聞紙を「100回」折りたたんだらどのくらいの高さ（厚さ）になるか？

想像することが難しいものを考えるときにこそ活躍する「ツール」が数学だと私は思います。ここでは、「新聞紙を100回折りたたんだらどのくらいの高さになるか」を考えていきましょう。

新聞紙1枚の厚さを0.05mmとします。

1回折ると、$0.05 \times 2 = 0.1\text{mm}$
2回折ると、$0.05 \times 2^2 = 0.1 \times 2\text{mm}$
3回折ると、$0.05 \times 2^3 = 0.1 \times 2^2\text{mm}$
4回折ると、$0.05 \times 2^4 = 0.1 \times 2^3\text{mm}$
5回折ると、$0.05 \times 2^5 = 0.1 \times 2^4\text{mm}$
⋮
100回折ると、$0.05 \times 2^{100} = 0.1 \times 2^{99}\text{mm}$
n回折ると、$0.05 \times 2^n = 0.1 \times 2^{n-1}\text{mm}$

2^{99}をコンピュータで計算すると、値はだいたい6.338253×10^{29}になります（正確には633,825,300,114,114,700,748,351,602,688）。$1\text{mm} = 0.001\text{m} = 10^{-3}\text{m}$ですから、100回折りたたんだときの高さは、

$$
\begin{aligned}
0.1 \times 2^{99}\text{mm} &= 0.1 \times 6.338253 \times 10^{29}\text{mm} \\
&= 10^{-1} \times 6.338253 \times 10^{29} \times 10^{-3}\text{m} \\
&= 6.338253 \times 10^{25}\text{m}
\end{aligned}
$$

です。富士山の高さが$3776\text{m} = 3.776 \times 10^3\text{m}$、エベレストの高さが$8848\text{m} = 8.848 \times 10^3\text{m}$ですから、100回折りたたんだ新聞紙

の高さに遠く及びません。では、地球から遠距離にある月、太陽、海王星までの距離と比べたらどうでしょうか？

月までの距離：約384,400,000m = 3.844×10^8m
太陽までの距離：約149,600,000,000m = 1.496×10^{11}m
海王星までの距離：約4,600,000,000,000m = 4.6×10^{12}m

ですから、月、太陽のみならず、海王星から地球までの果てしない距離ですら、100回折りたたんだ新聞紙の高さにはかなわないのです。このような大きな距離を比較するときには、**光年**を使うことがあります。光の速さは秒速299,792,458mで、1光年とは光が1年間に進む距離です。具体的には、

光の速さ＝秒速299,792,458m
＝分速299,792,458m × 60 = 17,987,547,480m
＝時速17,987,547,480m × 60 = 1,079,252,848,800m
＝1日に進む距離1,079,252,848,800m × 24 = 25,902,068,371,200m
＝1年に進む距離（1光年）25,902,068,371,200m × 365.25
＝1光年9,460,730,472,580,800m ≒ 1光年9.46×10^{15}m

です。光が進む速度はとてつもなく速いため「月まで1.3秒、太陽まで8分19秒」で着いてしまいます。具体的に計算すると、

月：3.844×10^8m ÷ 299792458 = 1.282220382 ≒ 1.3秒
太陽：1.496×10^{11}m ÷ 299792458 = 499.0118864 ≒ 499秒
＝8分19秒

です。ここで、月に1.3秒、太陽に8分19秒でたどり着いてしまうほど速い光が、新聞を100回折りたたんだ距離にたどり着くまで、どのくらい時間がかかるのかを計算すると、

$$6.338253 \times 10^{25}\mathrm{m} \div 9.46 \times 10^{15} \fallingdotseq 6{,}700{,}056{,}025 \fallingdotseq 6.7 \times 10^{9}$$

です。10億 = 10^9 ですから、6.7×10^9 は、67億年です。光が67億年かかる距離……想像できないほど途方もない距離です。

なお、新聞紙を折りたたんでいくと「飛び越えてしまう」ものを次ページにまとめてみました（表記は整数値のみ）。

東京タワーが23回、東京スカイツリーが24回、富士山が27回で、フルマラソンの距離ですら30回で飛び越えてしまいます。月には43回で到達するのは驚きです。イメージとしては、20回台で世界中の建物や山を飛び越え、30回台でマラソンやトライアスロンの距離を超えています。たった数十回折りたたんだだけで、さまざまなものを飛び越えてしまうというのは、なかなかイメージできないですね。

さて、上記のように、2^{99} を気合いで正確に求めるのも1つの方法ですが、ざっくり求める方法があります。その方法こそ**対数**なのです。ここで対数を振り返ってみましょう。

対数は、2^{99} の99のように、**数字の右上に小さく書いてある「指数の部分だけ」を取り出す記号**で、「掛け算した回数だけ」にフォーカスする記号です。対数のアイディアは、16世紀末に登場しました。当時は、現代のようにコンピュータも電卓（電子卓上式計算機）もない時代ですから、

$$2^{99} = 633{,}825{,}300{,}114{,}114{,}700{,}748{,}351{,}602{,}688$$

回数	新聞紙の高さ(距離)	比較するもの	高さ(距離)
1回	0.0001m	—	—
10回	0.0512m	—	—
20回	52m	エトワール凱旋門	50m
21回	105m	ピサの斜塔	56m
		自由の女神像	93m
22回	210m	ギザの大ピラミッド	139m
		スパイラルタワーズ	170m
23回	419m	あべのハルカス	300m
		エッフェル塔	324m
		東京タワー	333m
24回	839m	東京スカイスリー	634m
		ブルジュ・ハリファ	828m
25回	1,678m	ジッダ・タワー (キングダム・タワー)	1,100m(予定)
26回	3,355m	北岳(日本第2位の高峰)	3,193m
27回	6,711m	富士山	3,776m
28回	13,422m	エベレスト	8,848m
29回	26,844m	オリンポス山(火星)	21,229m
30回	53,687m	フルマラソンの距離	42,195m
31回	107,374m	100km行軍	100,000m
32回	214,748m	ウルトラトレイル・ デュ・モンブラン(UTMB)、 米国ウルトラマラソン	161,000m(161km)
33回	429,497m	アイアンマンレース	225,995m
		スパルタスロン	245,300m(245.3km)
		トランスジャパンアルプスレース	415,000m(415km)
34回	858,993m	キャノンボール、 東京・大阪間自転車走行	550,000m(550km)
35回	1,717,987m	鈴鹿1000km	1,000,000m
		本州縦断・青森～下関 1521kmフットレース	1,521,000m
37回	6,871,947m	月の直径	3,474,300m
38回	13,743,895m	地球の直径(赤道面)	12,756,274m
39回	27,487,791m	万里の長城(総延長距離)	21,196,180m
40回	54,975,581m	地球の円周(赤道面)	40,077,000m
43回	439,804,651m	地球から月までの距離	384,400,000m
52回	225,179,981,369m	地球から太陽までの距離	149,600,000,000m
57回	7,205,759,403,793m	地球から海王星までの距離	4,600,000,000,000m

を計算することも大変だったはずです。そんな時代にあって、指数の部分だけを取り出してざっくり計算する対数は、航海術、天文学などに広く活用されました。そのためヨーロッパでは3大発見の1つといわれるほど、斬新なアイディアでした。ここでは、そんな対数のアイディアをざっくり体感していきましょう。

まずは対数計算の仕組みから始めていきます。例えば、

$2^x = 1$となるのは$x = 0$
$2^x = 2$となるのは$x = 1$
$2^x = 4$となるのは$x = 2$

とわかります。では、

$2^x = 3$となるのは$x = $？

と、問われたらどうでしょう？　簡単に表すことはできません。簡単に表すことができないときに、簡単に表すための記号をつくるのが数学者です。2^xのxの部分、つまり指数の部分を取り出す記号として登場したのが対数（英語でlogarithm、略してlog）なのです。

$2^x = 3$となるxを、$\log_2 3$と表します。

つまり、$\log_2 3$とは、2を何乗したら（何回掛け算したら）3になるのかを表した数値になります。ほかのケースも対数で考えてみます。

「$2^x = 1$となるのは$x = 0$」から、

2を1にするのは0乗なので、$\log_2 1 = 0$です。

「$2^x = 2$となるのは$x = 1$」から、
2を2にするのは1乗なので、$\log_2 2 = 1$です。

「$2^x = 4$となるのは$x = 2$」から、
2を4にするのは2乗なので、$\log_2 4 = 2$です。

「$2^x = 8$となるのは$x = 3$」から、
2を8にするのは3乗なので、$\log_2 8 = 3$です。

また、対数は「$\log_{10}2^n = n\log_{10}2$」のように、式変形することもできます。

それでは、「2^{99}」がどのくらいの大きさになるのかをざっくり調べるために、対数を用いてみましょう。

なお、$\log_{10}2 = 0.3010$、$10^{0.8} \fallingdotseq 6.3$とします。

$$\log_{10}2^{99} = 99\log_{10}2 = 99 \times 0.3010 = 29.799 \fallingdotseq 29.8$$

この式から、「2^{99}」は10を29.8回掛け算した数、つまり、

$$2^{99} \fallingdotseq 10^{29.8}$$

となります。$10^{0.8} \fallingdotseq 6.3$なので、

$$2^{99} \fallingdotseq 10^{29.8} = 10^{29} \times 10^{0.8} \fallingdotseq 6.3 \times 10^{29}$$

と、ざっくり求めることができるのです。

5-6 地震の「マグニチュード8」と「マグニチュード9」では大違い

地震は、地下の岩盤に何らかの力が加わることによってエネルギーが蓄積されていき、耐え切れなくなった岩盤が崩れることによって引き起こされます。

地震が発生すると、**震度**と**マグニチュード**という2つの言葉をニュースで耳にします。震度は、全国に設置してある震度観測点で測定された**揺れ**を数値にしたものです。それに対してマグニチュードは、震源地における地震のエネルギーの大きさを**対数で表した値**です。

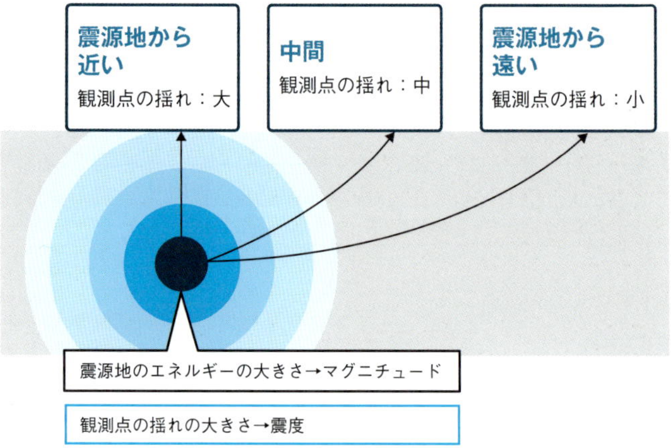

マグニチュードを対数で表す理由は、地震が発生した際のエネルギーを直接数字で表すと、私たちが普段あまり扱わない大きな値になってしまい、感覚がつかめなくなるからです。例えば「今回の地震のエネルギーは約200万（ジュール）です」とか「約6300万

（ジュール）です」といわれたらどうでしょう？　どちらも大きな数字ですから、大規模な地震を想像しそうです。しかし、それぞれをマグニチュードに換算すると1と2相当ですから、地震のエネルギーを直接表すことはあまり得策ではないのです。

そこで簡潔にするために、**指数**を利用して、2×10^6や63×10^6と表したらどうでしょうか？　これもわかりやすくはなさそうです。地震のエネルギーのように日常ではあまり見かけない大きな数を直接表すと、どうしても私たちの感覚に合わないことがあります。そんなとき、**私たちの感覚に合わせるため、身近な数に変換するツールこそが対数**なのです。

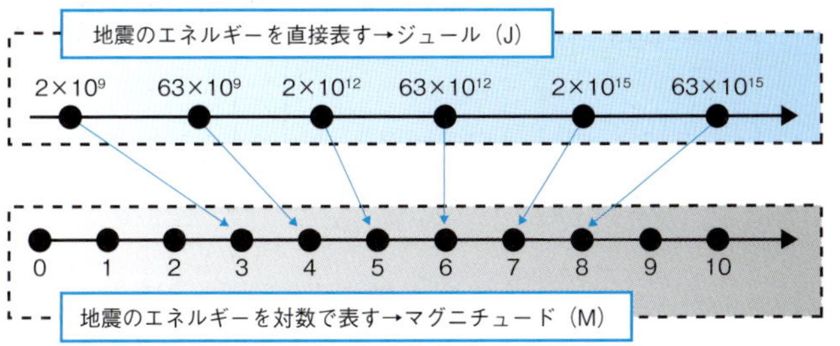

ここで、マグニチュードを表す式を紹介します。地震のエネルギーの大きさをE、マグニチュードをMとすると、関係式は、

$$\log_{10} E = 4.8 + 1.5 \times \mathrm{M}$$

です。具体的に計算すると**次表**のとおりです。

表より、マグニチュードが1つ上がると、エネルギーは$10\sqrt{10}$倍（約32倍）、2つ上がると1,000倍、3つ上がると$10^4\sqrt{10}$倍（約

マグニチュードとそのエネルギー

M	エネルギー（ジュール）	日本の命名法で表記	累乗表記
1	1,995,262	約200万ジュール	2×10^{6}
2	63,095,734	約6300万ジュール	63×10^{6}
3	1,995,262,315	約20億ジュール	2×10^{9}
4	63,095,734,448	約630億ジュール	63×10^{9}
5	1,995,262,314,969	約2兆ジュール	2×10^{12}
6	63,095,734,448,019	約63兆ジュール	63×10^{12}
7	1,995,262,314,968,880	約2000兆ジュール	2×10^{15}
8	63,095,734,448,019,300	約6京3000兆ジュール	63×10^{15}
9	1,995,262,314,968,870,000	約200京ジュール	2×10^{18}
10	63,095,734,448,019,300,000	約6300京ジュール	63×10^{18}

マグニチュード1との比較

M	マグニチュード1との比較	エネルギー（ジュール）
1	10^{0} ＝ 1倍	1,995,262
2	$10^{1.5} = 10\sqrt{10}$ ≒32倍	63,095,734
3	10^{3} ＝ 1,000倍	1,995,262,315
4	$10^{4.5} = 10^{4}\sqrt{10}$ ≒31,623倍	63,095,734,448
5	10^{6} ＝ 1,000,000倍	1,995,262,314,969
6	$10^{7.5} = 10^{7}\sqrt{10}$≒31,622,777倍	63,095,734,448,019
7	10^{9} ＝ 1,000,000,000倍	1,995,262,314,968,880
8	$10^{10.5} = 10^{10}\sqrt{10}$≒31,622,776,602倍	63,095,734,448,019,300
9	10^{12}倍 ＝ 1,000,000,000,000倍	1,995,262,314,968,870,000
10	$10^{13.5} = 10^{13}\sqrt{10}$倍	63,095,734,448,019,300,000

31,623倍)、4つ上がると1,000,000倍(100万倍)となります。これほど変化が大きいと、私たちはピンとこなくなってしまいます。ただし、いくらわかりやすくても、感覚で段階を決めてしまうと後々困るので、マグニチュードのように対数などの数学ツールを使って段階やレベルで区切っていくのです。

生乾きの洗濯物の「嫌なにおい」は90%除去されていても人にはにおう

部屋干しをしたときの洗濯物の生乾きの嫌なにおい、なかなか取れずに困ったことはないでしょうか？　実はこのような嫌なにおいは、その量を空気清浄機や消臭剤、芳香剤で**物理的に半分にしても、人は感覚的に半分になったとは感じない**ことが知られています。この人の感覚を数式化した法則が、**ヴェーバー＝フェヒナーの法則**です。なお、においの量を物理的に半分にしたとき、どの程度においが減ったと人が感じるかは最後に紹介します。

●ヴェーバー＝フェヒナーの法則

Rを感覚の強さ、Sを刺激の強さ、Cを定数としたとき、

$$R = C \log S$$

と表されます。

なお、生乾きの洗濯物の嫌なにおいを**感覚的に半分**にしたい場合は、空気清浄機や消臭剤、芳香剤で**物理的に90%除去**する必要があります。

においを**感覚的**に$\frac{1}{3}$倍にしたいときは、**物理的**に99%除去
においを**感覚的**に$\frac{1}{4}$倍にしたいときは、**物理的**に99.9%除去
においを**感覚的**に$\frac{1}{5}$倍にしたいときは、**物理的**に99.99%除去

しなくてはいけません、具体的に求めてみましょう。ヴェーバー＝フェヒナーの法則の式を計算しやすくするために、$R = 10\log_{10}S$とします。常用対数表より、

$$\log_{10}3 = 0.4771$$
$$\log_{10}5 = 0.6990$$

とします。計算した結果は次の表のとおりです。

刺激の強さ(S)	感覚の強さ(R)
1	0.000
10	10.000
30	14.771
50	16.990
100	20.000
300	24.771
500	26.990
1000	30.000
3000	34.771
5000	36.990
10000	40.000
30000	44.771
50000	46.990
100000	50.000

例えば、においなどの「刺激の強さ(S)」を100から10、つまり90%除去したとすると、人の感覚は、20から10に変化するので、「においは半分になった」と感じます。

同様に、「刺激の強さ(S)」を1000から10に99%除去したとすると、人の感覚は30から10に変化するのでにおいは$\frac{1}{3}$に、10000から10に99.9%除去したとすると、人の感覚は40から10に変化するのでにおいは$\frac{1}{4}$に、100000から10に99.99%除去したとすると、人の感覚は50から10に変化するのでにおいは$\frac{1}{5}$になったと感じます。

この方法で「においの量を物理的に半分にしたときに、人はにおいがどの程度減ったと感じるのか」の答えを求めてみます。

においなどの「刺激の強さ(S)」を100から50、つまり50%除去したとすると、人の感覚は20から16.99に変化するので、においは$\frac{16.99}{20} \fallingdotseq 0.85 = 85\%$になったと感じるわけです。そのため、減ったと感じる割合は約15%と計算できます。

臭気成分を90%除去する高性能空気清浄機を取りつけたのに「半分程度しか効果を感じない……」などと嘆いている方もいるかもしれませんが、臭気成分自体は9割除去されているのです。人の感覚が対数と関係しているというのは、なんとも不思議です。私たちの感覚が、刺激の減少に比例するように減少してはいかないだけなのです。

真ん中の「ラ」の周波数が440Hzなら1オクターブ上の「ラ」は880Hz

私たちが日常耳にする音にも対数が隠れています。音楽の授業で「ド、レ、ミ、ファ、ソ、ラ、シ、ド」の音階を学習しますが、**音階の法則**を初めに発見したのは、「三平方の定理（25ページ参照）」でおなじみのピタゴラスといわれています。

音には高く感じる音や低く感じる音がありますが、中学校の理科の授業などでは、音源の振動数（周波数）の高さが音の高さに関係すると学びます。そこで、振動数と音の関係を探ってみると、**対数が登場**します。

ピアノの真ん中の「ラ」の音の周波数を$f = 440$Hzとしたとき、「1オクターブ上のラ」の音の周波数は$2f = 880$Hzで、その間の周波数は12等分して定めます。このような音階の決め方を**平均律音階**といいます。平均律音階は、決め方からわかるように、音の調和ではなく、数学的な形式を優先してつくられています。

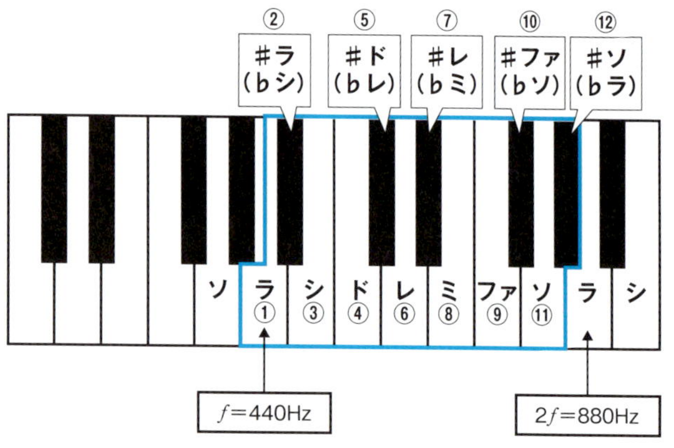

ピアノの真ん中のラの音から、1オクターブ上のラの音までを12等分して定めているので、真ん中のラの隣の「♯ラ」の振動数は、

$$2^{\frac{1}{12}} = 1.0594630943592952645618252949 5$$
$$\fallingdotseq 1.06\text{倍}$$

です。「♯ラ」の振動数を計算すると、

$$440 \times 2^{\frac{1}{12}} = 466.16376151808991640720312975 6$$
$$\fallingdotseq 466.2\text{Hz}$$

となります。以上の関係をグラフで表すと次のとおりです。

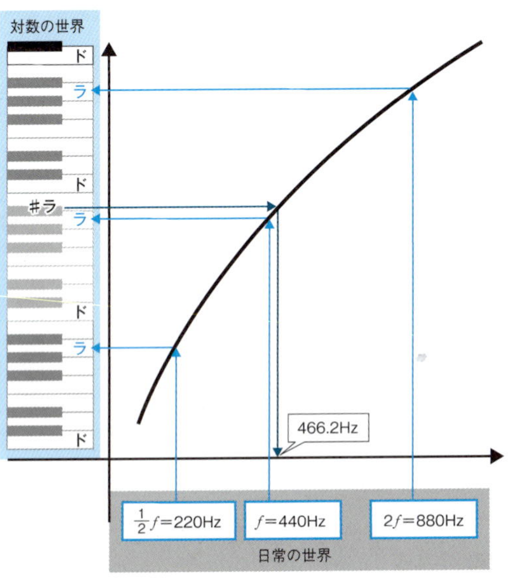

5-9 「1等星」の明るさは「6等星」の約100倍もある

対数は人の感覚に合っているため、具体例が身近にいくつもあります。例えば、夜空に輝く星の明るさの分類に**1等星、2等星**などがありますが、何となく分類しているわけではありません。主観で分類しようとすると、人の感性の違いでブレてしまいます。そこで、感性でブレないよう、数式を使って星を分類します。ここで**対数が登場**します。

19世紀、英国の天文学者であるノーマン・ポグソンが、各星の光量を正確に測定し、「1等星は6等星の約100倍の明るさである」ことを確かめました。そして1等級の差は、

$$100^{\frac{1}{5}} = 2.5118864315\cdots \fallingdotseq 2.512倍$$

に相当すると定めました。例えば、6等星の光量をLとすると、5等星の光の量は$100^{\frac{1}{5}}$（≒2.512）倍した$100^{\frac{1}{5}} \times L$（≒$2.512L$）となります。この関係をグラフで表すと次のようになります。

1等星
2等星
3等星
4等星
5等星
6等星
$100^{\frac{1}{5}}L$
$100^{\frac{2}{5}}L$
$100^{\frac{3}{5}}L$
$100^{\frac{4}{5}}L$
$100L$

L
$100^{\frac{1}{5}}L$
$100^{\frac{2}{5}}L$
$100^{\frac{3}{5}}L$
$100^{\frac{4}{5}}L$
$100L$

6等星
5等星
4等星
3等星
2等星
1等星

星の明るさを直接数字で表す

Column

数を「0乗」するとなぜ「1」になるのか?

実は、**0乗すると1になるのは数学のルール**で、難しくいうと**定義**です。ただしルールといわれても、納得できなければ不満が残ります。そこでここでは、いくつか例を出して、**0乗が1になる過程**を探ります。例えば、カウントダウンして考えてみましょう。

$10^3 = 1000$

$\div 10$

$10^2 = 100$

$\div 10$

$10^1 = 10$

とくれば、次にくるのは「$10^0 = 1$」と定義するのが自然です。ほかの考え方も見ていきましょう。累乗は、「ある数」に同じ数もしくは同じ文字を「何回か掛け合わせること」でした。数学の計算をしていくと「ある数」が見あたらない場合がありますが、そのときは1が省略されています。掛け算では「1×」や「×1」を省略できるからです。そこで、この省略できる1を補ってみます。

$10^1 = 10 = 1 \times 10$

$10^2 = 10 \times 10 = 1 \times 10 \times 10$

$10^3 = 10 \times 10 \times 10 = 1 \times 10 \times 10 \times 10$

このルールに従うと、**10の0乗は「1に10を0回掛け算する」**ことになるので、$10^0 = 1$となります。「何も掛け算しない」というのは、「0を掛けること」ではありません。0を掛け算すると答えは0になってしまいます。「何も掛け算しない」ということは「1を掛けること」と考えることができます。

人間には扱いにくくても機械には扱いやすい「二進数」

「0」と「1」だけを使ったシンプルな世界が二進法です。このシンプルな世界がコンピュータを生み出し、私たちの生活を便利にしてきました。そんな二進法が使われているシーンを日常から探していきましょう。

『ドラゴンクエスト』のステータスはなぜ上限が「255」と中途半端なのか？

小学生や中学生のころ、『ドラゴンクエスト（ドラクエ）』や『ファイナルファンタジー』などのロールプレイングゲームをやったものです。私はファミコン（ファミリーコンピュータ）版の初代『ドラクエ』（1986年5月27日発売）から楽しんできましたが、幼心に、「なぜ主人公のステータスは上限が255なのか」「なぜ経験値やゴールドの上限は65535なのか？」と気になっていました。なぜキリのよい100や、いかにも最大値となりそうな999ではないのだろうかと不思議でした。

そんな、一見、中途半端に感じてしまう255や65535という数字、どこかで見覚えがありませんか？　そうです。5-4「『ねずみ講』のインチキは『方程式』を使えば一目瞭然」の勧誘人数で登場しました。

ほかの場面でもよく現れる数字ですから、この数字がドラクエでたまたま登場したとは考えにくく、何か意味がありそうです。そこで、この255や65535が使われる理由を探っていきましょう。その前に、まず私たちが普段使っている数字について解説していきます。

●二進法の世界だと100や999は中途半端な数字

私たちが普段使っている「0、1、2、3、4、5、6、7、8、9」の10個の数字を使った表し方を十進法といいます。私たちは十進法に慣れ親しんでいますが、日常で接するものすべてが十進法とは限りません。そのため、私たちにとってキリのよい数字が、どの世界でもキリのよい数字とは限らないのです。

先ほど例に挙げたファミコンはコンピュータの1つで、「0」と「1」の2個の数字を使う二進法の世界です。そのため、私たちの考えるキリのよい数字と、コンピュータの世界におけるキリのよい数字にはズレがあるのです。そこで、255や65535が、二進法を使うコンピュータの世界ではキリのよい数字になることを実感してみましょう。

十進法の0は、二進法でも0です。

十進法の1は、二進法でも1です。

十進法の2は、二進法では2と表せないので、繰り上がって10です。

十進法の3は、二進法では10の次の数字なので11です。

十進法の4は、二進法では11の次の数字なので、繰り上がって100です。

このように1つ1つ変換していき、表にすると次ページの表のようになります。

この表のように1つ1つ変換していけば、255や65535が二進法でどのように表されるのかを求められますが、大変です。そのため直接計算で変換するのですが、このときに必要な考え方が1つだけあります。私たちが普段使っている十進法の表記には**省略**があります。例えば、4871を言葉にする場合、「4千8百7十1」といいますが、千・百・十・一、という位取り（くらい）の部分を省略して書いているはずです。この位取りの部分を正確に書くと、

$$4871 = 4000 + 800 + 70 + 1$$

となります。この式は、さらに、

$$4871 = 4 \times 1000 + 8 \times 100 + 7 \times 10 + 1$$

となり、

$$4871 = 4 \times 10^3 + 8 \times 10^2 + 7 \times 10^1 + 1 \times 10^0$$

十進法と二進法

十進法	二進法	十進法	二進法
1	1	33	100001
2	10	34	100010
3	11	35	100011
4	100	36	100100
5	101	37	100101
6	110	38	100110
7	111	39	100111
8	1000	40	101000
9	1001	41	101001
10	1010	42	101010
11	1011	43	101011
12	1100	44	101100
13	1101	45	101101
14	1110	46	101110
15	1111	47	101111
16	10000	48	110000
17	10001	49	110001
18	10010	50	110010
19	10011	51	110011
20	10100	52	110100
21	10101	53	110101
22	10110	54	110110
23	10111	55	110111
24	11000	56	111000
25	11001	57	111001
26	11010	58	110010
27	11011	59	111011
28	11100	60	111100
29	11101	61	111101
30	11110	62	111110
31	11111	63	111111
32	100000	64	1000000

と書けます。これにより、十進法は「10^n（10の累乗）を使って表せる」といえます。これにより、私たちが普段用いている書き方は、「10^nの係数」を使い、省略して表しているとわかります。

●十進法から二進法へ変換する計算方法

ではここで、簡単に十進法から二進法へ変換できる計算方法を紹介しますが、まずは十進法で考えてみましょう。先ほどの例でも登場した「4871」を「10」で割り算すると、

$4871 \div 10 = 487 \cdots 1$

となります。式変形すると、

$4871 = 10 \times 487 + 1$……①

となります。次に「487」を「10」で割り算すると、

$487 \div 10 = 48 \cdots 7$

となります。式変形すると、

$487 = 10 \times 48 + 7$……②

となります。次に「48」を「10」で割り算すると、

$48 \div 10 = 4 \cdots 8$

となります。式変形すると、

$48 = 10 \times 4 + 8$……③

となります。ここで③を②へ代入すると、

$$\begin{aligned}487 &= 10(10 \times 4 + 8) + 7\\ &= 4 \times 10^2 + 8 \times 10 + 7\end{aligned}$$

となります。これを①に代入すると、

$$\begin{aligned}4871 &= 10 \times 487 + 1\\ &= 10(4 \times 10^2 + 8 \times 10 + 7) + 1\end{aligned}$$

と式変形できます。これが次ページの図です。下から順に読んでいけば「**4871**」となります。

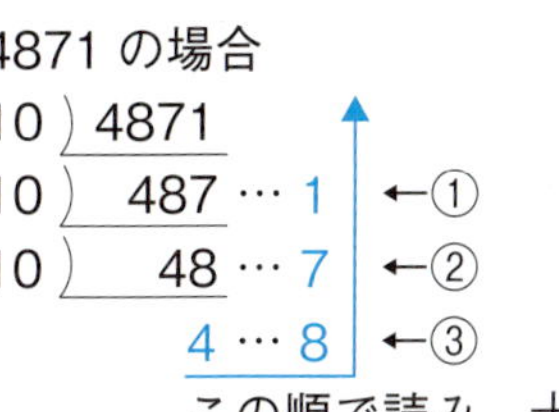

二進法に変換する場合は、同じように「2」で割り算します。

コンピュータで用いられる二進法は「2^n（2の累乗）を使って表せる」ので、255や65535を二進法で表すと、

となります。同様に、100や999を二進法で表すと、

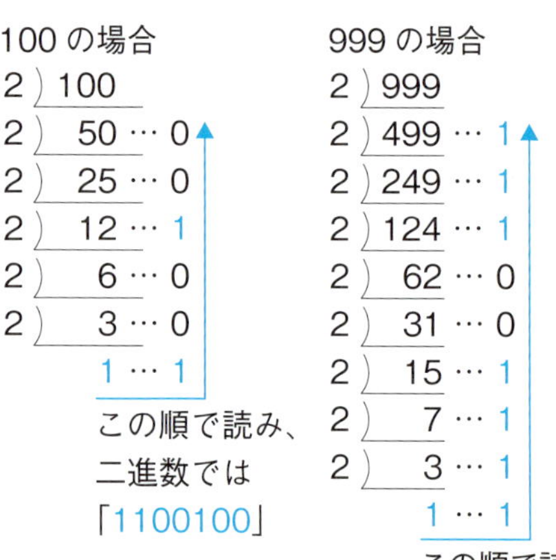

となり、二進法の世界ではいずれも中途半端な数となります。コンピュータは、中途半端な数字を最大値として設定すると、バグ（プログラムの誤り）を起こすことがあります。だから、『ドラゴンクエスト』などのロールプレイングゲームのステータスの最大値は100や999ではなかったのですね。

このように、一見、中途半端な数字は、ゲームに限らず、コンピュータを利用しているものには数多く登場します。例えば、スマートホンのディスプレイ色の約1677万色（フルカラー）は16,777,216（2^{24}）です。エクセル2003の場合、縦の最終行の値は65,536（2^{16}）です。エクセル2007以降の場合、縦の最終行の値は1,048,576（2^{20}）です。USBメモリーやSDメモリーカードは2GB、4GB、8GB、16GB、32GB、64GB、128GB……と種類が豊富ですが、すべて**二進法の世界でキリのよい数字**です。

6-2 毎日目にする「バーコード」にも実は二進法が隠れている

私たちがほとんど毎日目にするものに、**バーコード**があります。バーコードは白い部分と黒い部分に分かれていますが、**白い部分が0、黒い部分が1を表す二進法の1つ**です。このバーコードのおかげで、お店のレジが正確かつスムーズに運ぶようになりました。

バーコードが日本に登場したのは1970年代です。1980年代にはコンビニエンスストア（コンビニ）に導入されて普及しましたが、それまでは店員さんが商品の価格をレジに直接打ち込んでいました。昔ながらのレジを使っているお店では今も打ち込んでいます。バーコードに対応したレジでも、登録されていないバーコードが印刷された商品の場合は価格を打ち込まなくてはなりません。昔から続いているテレビアニメでは、酒屋さんがそろばんをはじくシーンもありますね。バーコードは一瞬で商品の値段を計算するだけでなく、在庫や売上状況もチェックできる便利なものです。このチェックシステムを**ポス**（POS：Point Of Sale：販売時点情報管理）といいます。

そんなバーコードですが、白黒の線の下に注目すると**13桁の数字**が記載されています。この13桁は「国籍」「メーカー」「商品」の情報を表し、内訳は**次の表**のとおりです。

国籍（2桁）		メーカーコード		商品コード		計
49		5桁	（3〜7番目）	5桁	（8〜12番目）	12桁
45	2000年以前					
	2000年以降	7桁	（3〜9番目）	3桁	（10〜12目）	

先頭の2桁は日本を表す国コード

この表は12桁分しかありませんが、最後の1桁は**チェック・デジット**と呼ばれ、バーコードの読み取りミスを防ぐために設定されています。

※このバーコードは架空のものです。

バーコードはゆがんでいたり、汚れていたりすると読み取れないことがあります。もし、バーコードの読み取りミスで商品を間違った価格で会計したら大変です。それを避けるためにチェック・デジットがあるのです。店員さんがバーコードをなかなか読み取れず悪戦苦闘していることを見かけることがありますが、あれは読み取りミスを防ぐためのチェックが作動しているのです。

それではチェック・デジットの仕組みに移りましょう。バーコードは**奇数番目の数の合計**と**偶数番目の数の合計の3倍**を加えると**必ず10の倍数になる**ようにチェック・デジットで補正されています。もし10の倍数になっていなかったときは、読み取りに失敗しているので、反応しません。

このような仕組みのため、バーコードの1番目の数から12番目の数までわかると、自動的にチェック・デジットを求められます。以下にチェック・デジットの求め方を解説します。

①左から奇数番目の数字を合計し、xとする(ただし、末尾のチェック・デジットは除く)。

4902780019448の場合、$x = 4 + 0 + 7 + 0 + 1 + 4 = 16$

②左から偶数番目の数字を合計し、yとする。

4902780019448の場合、$y = 9 + 2 + 8 + 0 + 9 + 4 = 32$

③$x + 3y$を計算して、1の位の数字をzとする。

$x = 16$、$y = 32$の場合、$x + 3y = 16 + 3 \times 32 = 112$

$x + 3y = 112$の場合、1の位の数字は2より、$z = 2$

④$10 - z$の値をチェック・デジットとする。

$z = 2$の場合、$10 - z = 10 - 2 = 8$

上記の手順により、「4902780019448」のチェック・デジットである「8」を求めることができます。

バーコードはコンビニやスーパーマーケットのみならず、航空機の荷物、ゆうパックやレターパック、会員制クラブの会員証など、さまざまな場所で利用されています。このバーコードを用いることで、さまざまなサービスを迅速かつ快適に受けることができます。私たちが身近に利用するサービスを支える場面に、二進法の数学が隠れている一例でした。

6-3 チロルチョコが大きくなって20円になったのにはワケがある

バーコードは世界中で使われるため、サイズに規格があります。大きすぎたり小さすぎたりするとバーコードを読み取れないため、拡大・縮小は標準サイズの0.8～2倍と定められています。しかし、世の中の商品すべてにバーコードを印刷するスペースがあるわけではありません。

そこで13桁のバーコードとは別に、短縮した8桁のバーコードがあるのですが、この8桁のバーコードすら印刷するスペースがない商品もあります。その場合はどうするのでしょうか？

チロルチョコで考えてみましょう。昔は10円、今は20円で販売されているチロルチョコはかつて、底面の1辺の長さが25mm、上面の1辺の長さが22mmでした。これは8桁の短縮バーコードの最小幅よりも短いサイズです。このサイズのままでは当然、バーコードで商品を管理しているコンビニやスーパーマーケットに置けません。そこで**バーコードを印刷するスペースを確保するため、幅を30mmに拡大した20円のチロルチョコが誕生**したのです。

30mm
上面の１辺の長さ 22mm
底面の１辺の長さ 25mm
提供：チロルチョコ

6-4 一戸建て住宅の階段で使われる「三路スイッチ」は二進法の応用

二進法は、普段、何気ないところで現れます。その一例が、階段のスイッチです。

例えば、一戸建ての住宅にお住まいの方は、1階から2階に上がるとき、1階でライトのスイッチをつけて、2階でつけたライトのスイッチを消すことがあると思いますが、ここにも二進法が隠れています。

まずは、スイッチをつける(ONにする)とライトの明かりがつき、スイッチを消す(OFFにする)とライトが消える**片切スイッチ**から確認していきます。

ライトがついていない状態(OFF)を「0」、ライトがついている状態(ON)を「1」と置き換え、スイッチがついていない状態(OFF)を「0」、スイッチがついている状態(ON)を「1」と置き換えると、二進法となります。

ライトがついていない状態　ライトがついている状態

「0」の状態(OFF)　「1」の状態(ON)

片切りスイッチは図にするとシンプルです。実物の特徴としては「ON」を示す印(黒い線など)が右側にあります。

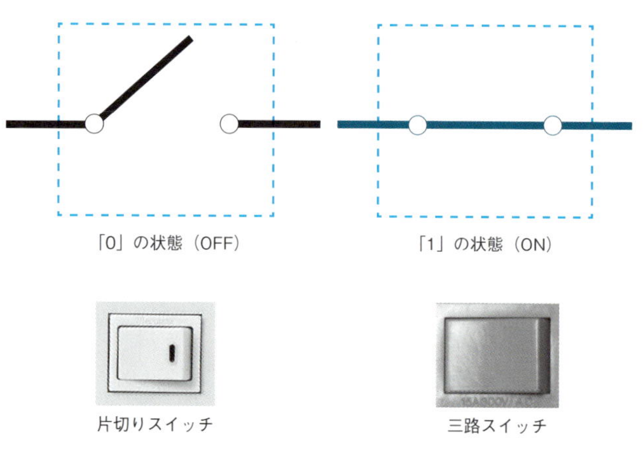

スイッチ、ライトのON、OFFの状態を表と図にすると、次のようになります。

番号	入力 スイッチ	出力 ライト
①	0(OFF)	0(OFF)
②	1(ON)	1(ON)

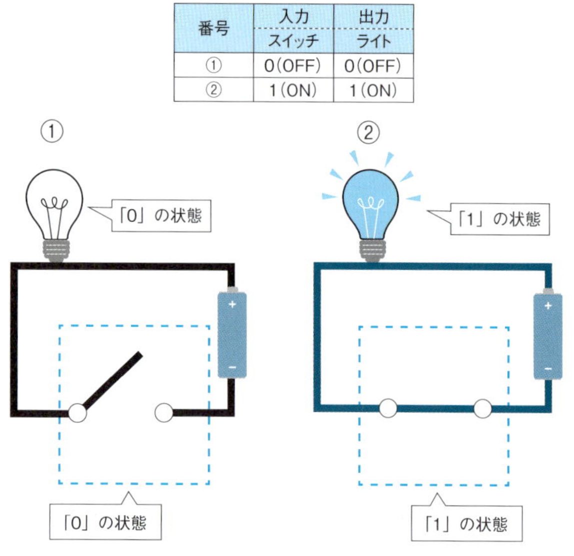

次に、階段などで利用される**三路スイッチ**を見てみましょう。三路スイッチは1つのライトを、2カ所から切り替えできるスイッチです。三路スイッチは片切りスイッチのような「ON」「OFF」がないので、下の図のように「0」と「1」を定めます。

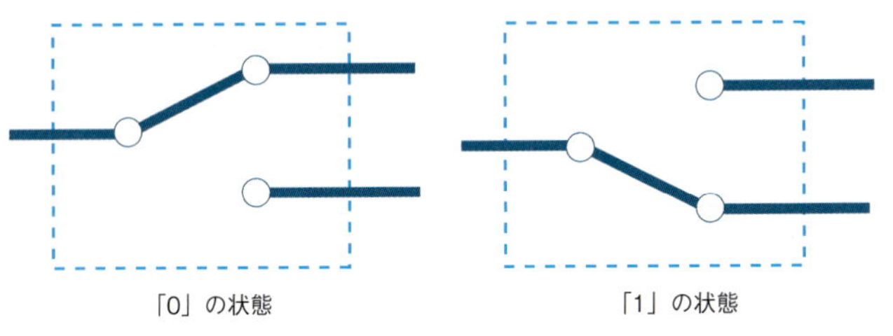

ここで、二進法の計算が必要になりますが、計算のパターンが少ないので、次の表のように、入力と出力の計算を定めていきます。この表の「左側のスイッチ」を1階のスイッチ、「右側のスイッチ」を2階のスイッチと読み替えれば、階段のスイッチになります。

番号	入力		出力
	左側のスイッチ	右側のスイッチ	ライト
①	0	0	0
②	0	1	1
③	1	0	1
④	1	1	0

図にすると次のとおりです。

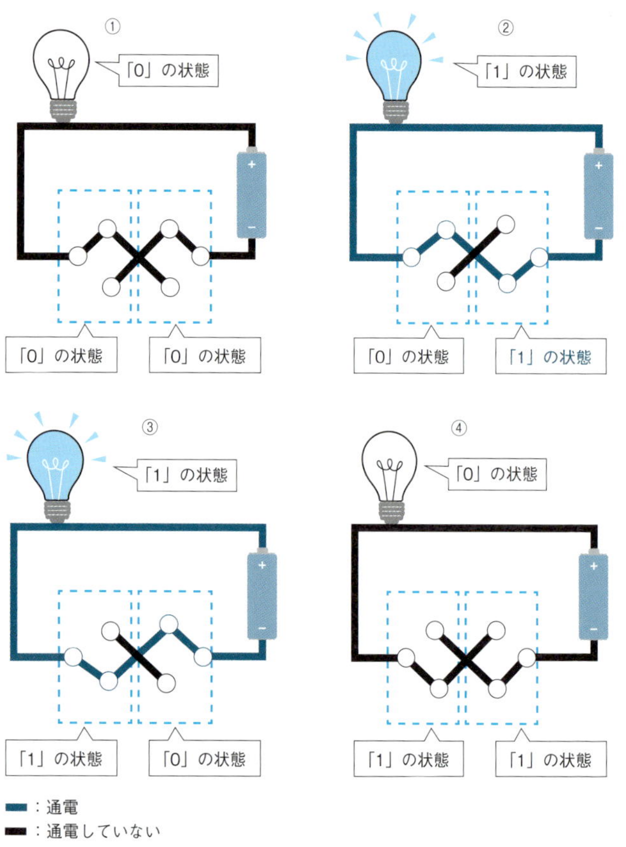

複数のスイッチがある中で、1つのスイッチが押されると全部にライトがつくものとして**並列スイッチ**があります。バスの停車を知らせるスイッチが身近な例です。この並列スイッチも見てみましょう。

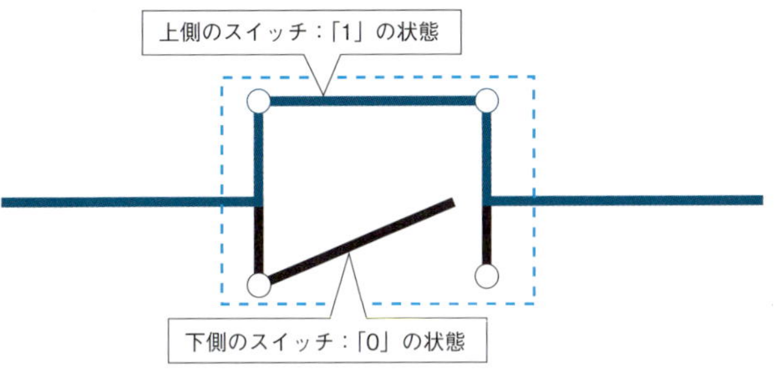

並列スイッチは、上段のスイッチ、下段のスイッチのいずれかが押されるとライトがつくので、**次の表**のように定めます。

番号	入力		出力
	上段のスイッチ	下段のスイッチ	ライト
①	0	0	0
②	0	1	1
③	1	0	1
④	1	1	1

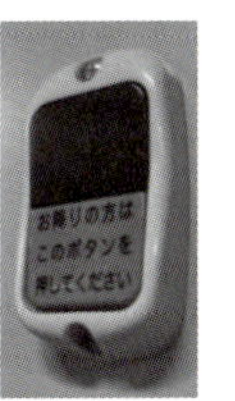

ライトがついていない状態（①）

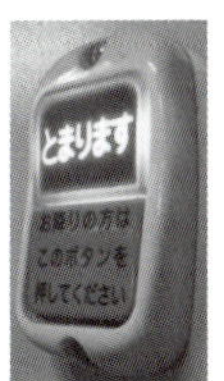

ライトがついた状態（②）（③）（④）

ここまで、二進数がライトのON、OFFに用いられていることを見てきましたが、コンピュータは、こうした計算の積み重ねで動いています。このような計算は**ブール代数**と呼ばれ、19世紀に生まれました。当時は今のように応用されることを想定しなかったでしょうから、そのとき、そのときの「損得」で役に立つ、役に立たないを決めないことも重要ですね。将来、私たちが予想だにしていないことに役立つかもしれないのですから。

向きだけではなく大きさも表せるから「ベクトル」は計算できる

「ベクトルが合う」「ベクトルがずれる」など、日常でもよく聞く言葉になったベクトル（vector）。ベクトルは方向と長さを一度に伝えられるツールで、語源は「運ぶもの」です。そんな「運び屋」のベクトルが活躍する姿を見ていきましょう。

7-1 ベクトルは「あっちです」を正確に表したいときに使える

山口県下関市の唐戸（からと）地域には、ヘリコプターの遊覧飛行ができる場所があります。関門海峡を360度一望できるヘリコプターの遊覧飛行は、観光客に人気で、休日になると飛行している姿を見かけます。そんなヘリコプターの遊覧飛行の場所を尋ねられたとき、「受付はあっちです」と手で示して答えている光景を見かけたことがありますが、この**「あっち」という言葉を数学の式として表現したものがベクトル**です。ベクトルは、方向と長さを一度に伝えられる便利なツールです。

観光客に尋ねられた場所Aを始点、ヘリコプターがある場所Bを終点とするとき、「あっち」は数学で $\overrightarrow{AB}$ と表します。もちろん道案内をするときは、「あっち」とざっくり説明するのではなく、詳細に説明しなければならないこともあるはずです。その場合にも、ベクトルは**成分表示**と呼ばれる方法で対応できます。

例えば、始点Aから終点Bに行くまで、x軸方向（東の方向）に120m動き、y軸方向（北の方向）に50m動く場合は、

$$\overrightarrow{AB} = (120, 50)$$

と表せます。ベクトルの成分表示は座標に似ていますが、座標とは違い、さまざまな計算や応用ができます。

1つ例を挙げるとGoogleは2013年、「word2Vec」という、単語をベクトルで表す手法を発表しました。この手法により人工知能など、さまざまな場面でベクトルの成分計算が使われ、応用されることになりました。ベクトルの成分計算が、人工知能などに使われる未来がすぐそこまできているのです。

先ほどの関係を方眼紙に書き込むと、次のようになります。

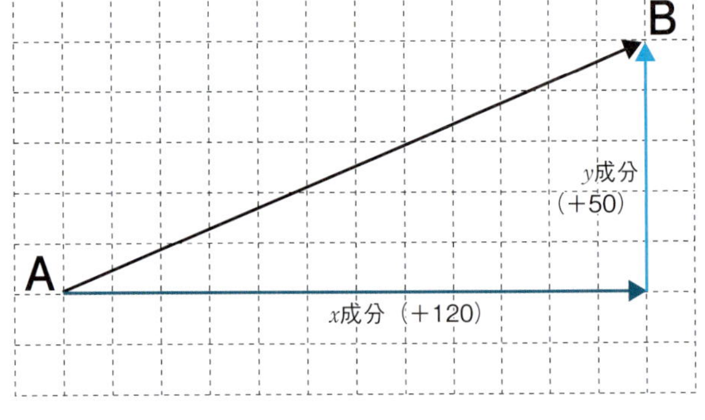

ABの長さは、三平方の定理（ピタゴラスの定理、25ページ参照）より130mとわかります。

$$(AB)^2 = 120^2 + 50^2 = 14400 + 2500 = 16900 = 130^2、AB=130$$

ここまでベクトルの基本を解説してきましたが、「ベクトルを図に書いて使うことなんてあるの？」と思った方もいるでしょう。実は私たちは、ほぼ毎日ベクトルを見ています。例えば、道路標識です。下の図は道路標識のほんの一部ですが、ベクトルのオンパレードです。

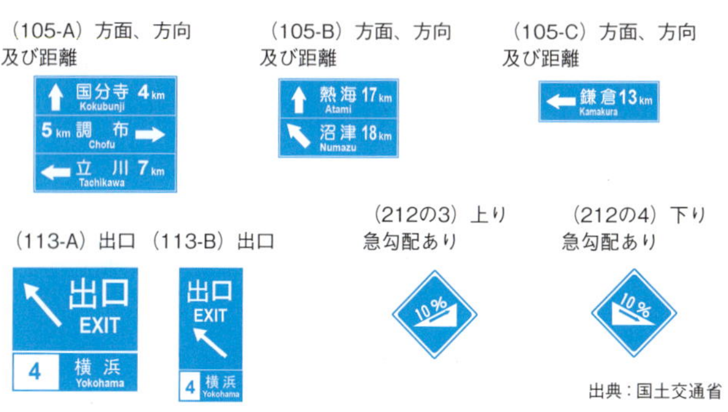

出典：国土交通省

自動車の運転は、小さな意思決定を連続的かつ瞬時に行わなくてはならないので、視覚的にすぐわかるベクトルのような記号が必須です。これを言葉だけで説明しようとすると、理解や判断に時間がかかってしまい、事故につながりかねません。そのほか、気温図（予想気温）もベクトルです。下の気温図のように、ベクトルから向きを除いた量をスカラーといいます。

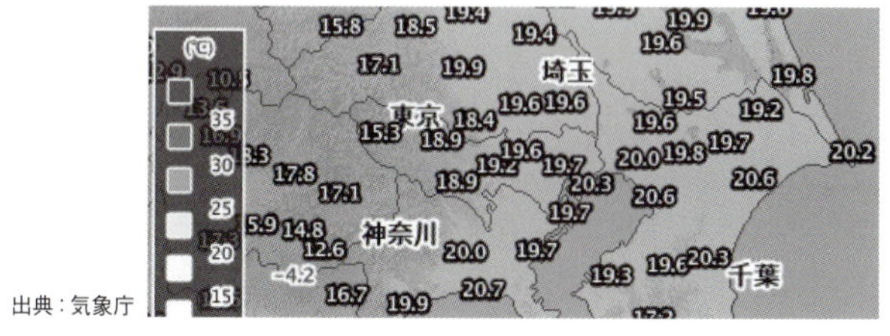

出典：気象庁

7-2 「導灯」は安全な「海の道」を教えてくれるベクトル

本州の西端に位置する山口県下関市と福岡県北九州市門司区の間には、瀬戸内海と日本海を結ぶ関門海峡（かんもん）があります。関門海峡は下関市から北九州市門司区を目視できるほど狭く、いちばん狭い場所では約650mしかありません。また、瀬戸内海と日本海という2つの大きな海から関門海峡にかけて急に幅が狭くなるため、潮の流れが速く、さらに水深が浅いという「三重苦」を抱えています。

この狭い関門海峡を1日に約500隻もの船が行き交っています。当然、海ですから、見てわかる「道路」のようなものはありません。しかし、無秩序に行き交っていては危険です。そこで、この狭い海峡を安全に航行するための「海の道」としてベクトルが活躍しています。

関門海峡には下関市と北九州市門司区を結ぶ関門橋があり、その近くには大きな矢印が2つ建っています。この2つの矢印は**導灯**と呼ばれ、**関門海峡を航行する船を正しく誘導するための目印**になっています。

導灯は、次ページの図のように前後2組のセットで、離れた場所に設置されています。この2組の導灯の光が上下で重なるとき、その光を結ぶ直線上が船の安全な航路となります。そのため、関門海峡を高台から眺めていると、どの船も「海の道」があるかのように、同じ航路を進んでいるように見えます。

なお、この下関導灯がある地域は壇之浦町（だんのうら）です。日本史で登場する「壇ノ浦の戦い」の舞台です。少し歩くと、宮本武蔵と佐々木小次郎の決闘が行われたとされる巌流島（がんりゅうじま）があります。

海の「もしも」は
海上
安庁
下関導灯（前灯）
下関導灯（後灯）

川の流れと違う向きに進むボートの速さはベクトルを足し算する

カヌーやボートなどで河川を航行する場合、川の流れや風の影響を受けます。まっすぐ進もうとしても、川や風の流れで進行方向が曲げられてしまうことがあります。川や風の流れには、それほど影響力があります。

そこで登場するのが**ベクトルの足し算（和）**です。まずは、カヌーやボートの進行方向と、川の流れや風の向きが同じ場合を考えてみましょう。カヌーが西に時速4kmで進んだとき、同じ向きに流れる川の流れで、カヌーの時速が3km増加したとします。この場合は、川の流れによって時速が純粋に増加するだけなので、時速は「4 + 3 = 7km」と求めることができます。

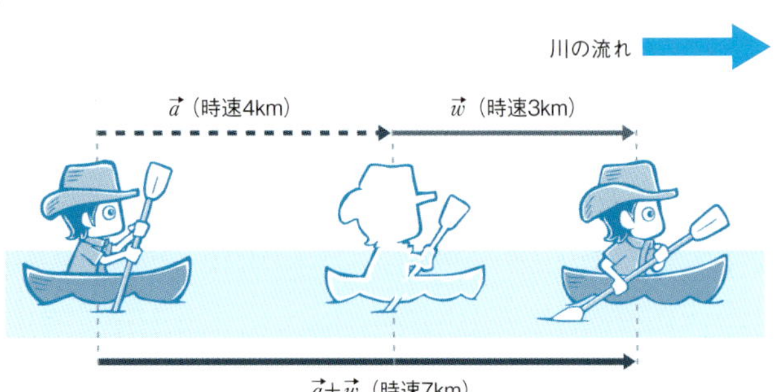

しかし、カヌーやボートの進行方向と川の流れの向きが違う場合はどうでしょう？　時速を単純に「4 + 3 = 7km」とはできません。**この場合の足し算は方向が関係するため、ベクトルの足し算となるから**です。

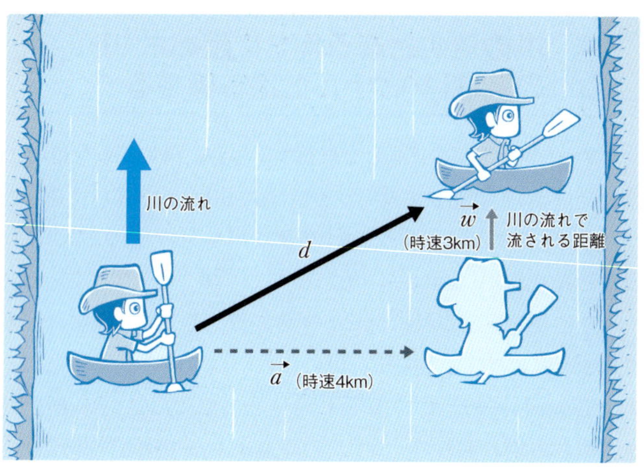

上の図において、右に進むカヌーの時速4kmを表す$\vec{a}$は(4, 0)、上に進む時速3kmの川の流れを表す$\vec{w}$は(0, 3)で表され、この合計は以下のような式で表すことができます。

$$\vec{a}+\vec{w}=(4,\ 0)+(0,\ 3)=(4,\ 3)$$

カヌーの時速は上の図の黒線のベクトルに該当するので、長さをdとすると、三平方の定理(ピタゴラスの定理、25ページ参照)から、

$$d^2=4^2+3^2=16+9=25=5^2 \qquad d=5$$

となります。これより、「カヌーの時速は5km」とわかります。

7-4 「オートバイのバランス」は2種類のベクトルで決まる

オートバイで右左折したい場合は、ハンドルを操作するのではなく、オートバイを傾けます。初めて大型のオートバイに乗ったとき、車体を大きく傾けてカーブを曲がるのは怖いものですが、転倒することはありません。もちろん、極端に大きな角度で傾ければ転倒することもありますが、ほとんどの場合はつり合います。なぜつり合うのでしょうか？

オートバイで右左折するときは、外向きに遠心力が働きます。重力は常にかかりますから、オートバイには重力と遠心力を合わせた力がかかります。この力を打ち消す力がないと、オートバイは転倒してしまいます。

重力を支える力は路面から受ける垂直抗力で、遠心力を支える力はタイヤの摩擦力です。そのためタイヤの摩擦力がないと転倒する可能性が高くなります。「遠心力と重力を合わせた力」と「摩擦力と垂直抗力を合わせた力」がつり合っていない場合は転倒します。**オートバイが転倒するかどうかは、ベクトルの和で決まる**のです。

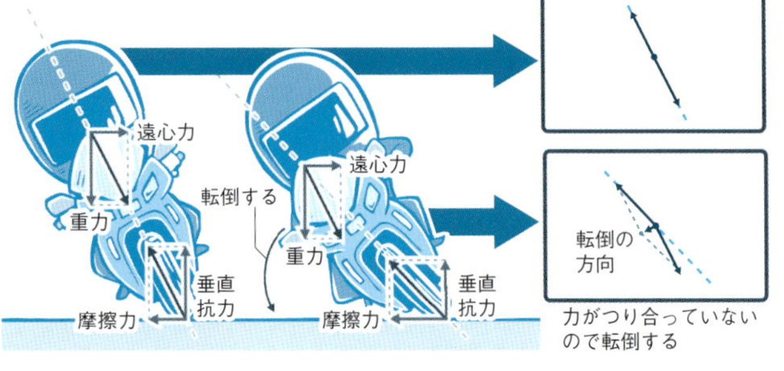

Column 似て非なる「累乗」と「指数」

累乗と**指数**は、似たような意味なので同じようにとらえてしまいそうですが、意味が少しだけ違います。**第5章**に挙げた10^1, 10^2, 10^3, 10^4, …のことをまとめて**10の累乗**といいます。そして、このときの上付きの数字である1，2，3，4，…を指数といいます。

累乗と表記された場合は、指数部分が**自然数**と決められています。しかし、**第5章**で登場した10^0は「指数部分が0」なので、累乗には含まれません（0は自然数ではない）。ほかにも、指数部分が有理数（約分できない分数）になったり、−（マイナス）の数になることもあります。そのときは累乗とはいえないので、**べき乗**といいます。

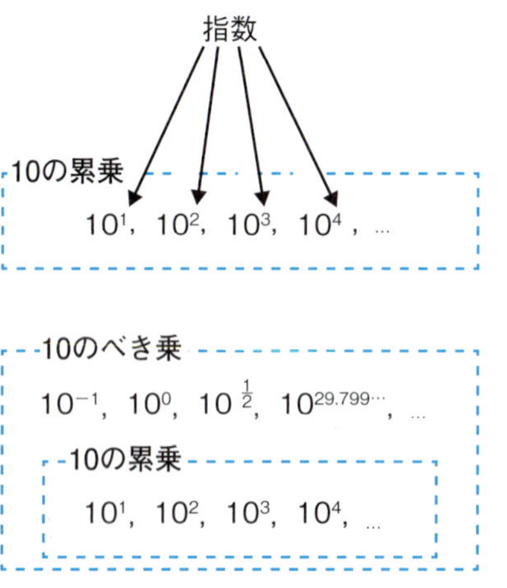

とてつもなく小さい数で割る「微分」、とてつもなく小さい数を掛ける「積分」

「微分積分」といわれると「そういう難しい話はちょっと……」と思う方がいるかもしれませんが、私たちの周りの身近な現象にも微分積分は隠れています。ここでは、微分積分の本質をざっくり説明していきましょう。

「ある一瞬の速度」を知りたいときには微分を使う

「微分積分」は、多くの人にとって、「よくわからなくて嫌になる数学の代名詞」かもしれません。もちろん厳密な理論は難しいのですが、イメージを知ること、計算して利用することは意外に簡単なのが微分積分です。

多くの書籍は、微分積分をきちんと伝えるために、厳密に書かれ、難解です。私が「微分積分とは、ざっくり何ですか？」と学生に質問すると「高校で習いましたが、よくわかりませんでした……」と返ってくるのが大半で、次に返ってくるのが、

①「微分は左下の図のような『接線の傾き』を求めること」
②「積分は右下の図のような『面積』を求めること」
③「微分の反対は積分、積分の反対は微分」

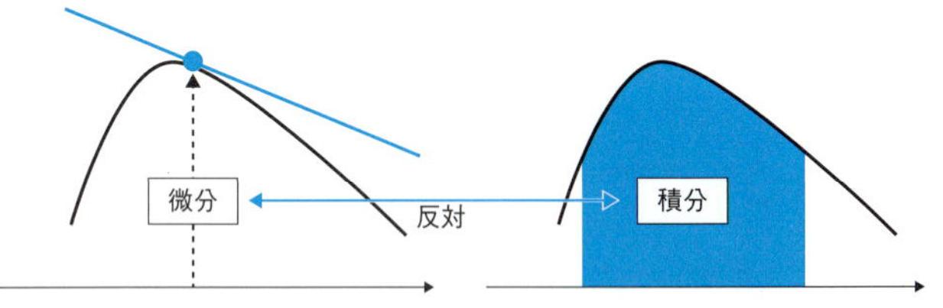

という回答です。もちろん、イメージとしては正しいのですが、日常的に「接線の傾きを求める」「面積を求める」ことがあるでしょうか？　中には数学を教える私のように、日常的に曲線における接線を求めたり、曲線で囲まれた部分の面積を求める人もいますが、多くの人にとっては非日常的なことでしょう。

つまり、このイメージを頭にとどめているだけでは、日常的な応用ができないのです。ですから、イメージから変えることが大切です。では、まずは微分から、イメージのとらえ方を変えていきましょう。

●微分のイメージを変える

微分は高等学校で、

「(前ページ左の図のような)接線の傾きを求めること」

と学習しますが、接線は直線の1つですから、話を簡単にするために、接線を直線に置き換えて考えていきます。高等学校で微分を学習しなかった方も、直線の傾きと考えてみてください。そして、次の例題を通して「直線の傾き」の求め方も確認しましょう。

●例題

下の図のような原点O(0, 0)と点(4, 3)を通る直線の傾きは？

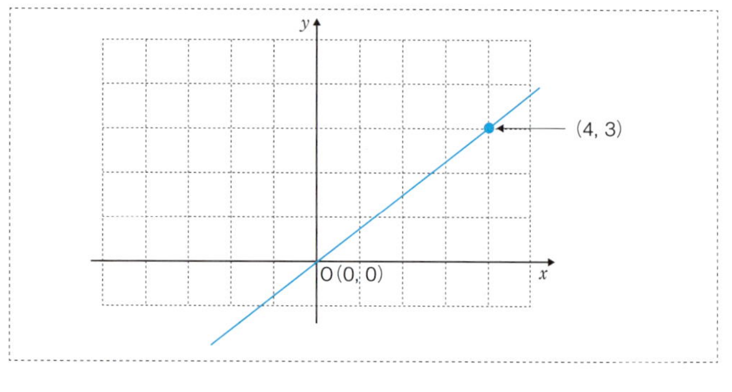

原点Oと、原点Oからx方向に＋4、y方向に＋3移動した点(4, 3)を通るので、この直線の傾きは$\frac{3}{4}$です。

$\frac{3}{4}$は3÷4のことですから、直線の傾きは「割り算」で求められることがわかります。なお、

x方向の「＋4」のことをxの増加量

y方向の「＋3」のことをyの増加量

といいます。そのため、中学校の教科書では、

$$直線の傾き = \frac{y\text{の増加量}}{x\text{の増加量}}$$

と書いてあります。

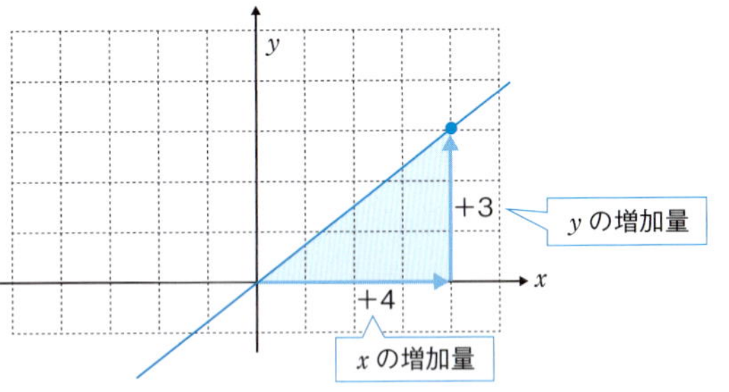

「微分で求められるもの」をざっくりいうと「直線の傾き」です。「直線の傾き」の求め方は「割り算」なので、これをつなげると「微分」は「割り算」することになります。つまり、拍子抜けするかもしれませんが、ざっくりいうと「微分」は「割り算」することなのです。物理で、

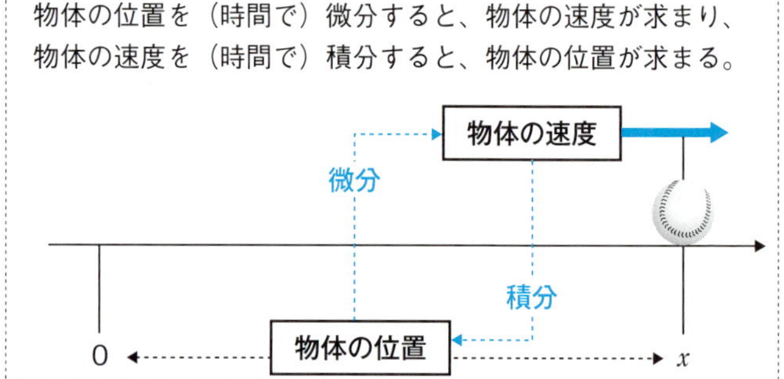

と習いますが、これは小学校で学習した「はじき」の公式、

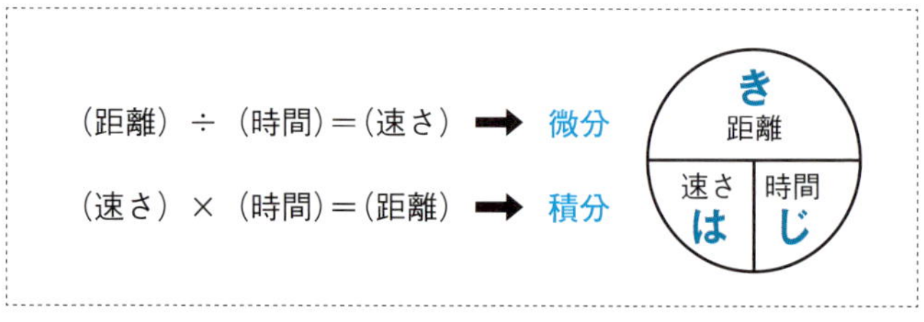

と同じことです。では、なぜ割り算を微分という特別な用語で呼ぶのかというと、**割る数がとてつもなく小さいから**です。具体的には、以下のようなイメージです。

0.00000000000000000000000000000000……001

このように小さい数を、数学では「限りなく0に近い値」と表現します。先ほど微分で求められるのは「直線の傾き」とざっくり書きましたが、正確には「接線の傾き」です。「接線の傾き」と「直線の傾き」は共に傾きなので、割り算で求めることは同じです。

ただし「接線の傾き」を求める場合は「割る数（xの増加量）」がとてつもなく小さい値、つまり「限りなく0に近い値」になるので「微分」が必要なのです。

次のページで「直線」から「接線」をつくる過程を図で紹介します。ここで「こんな小さい数で割ることに何の意味があるのか？」という疑問があると思いますが、あるのです。

例えば、航空機の離陸速度、高速道路運航時の自動車の速度、プロ野球における投手の球速などは瞬間瞬間の速度が重要です。

特に飛行機は、離陸するのに時速300km前後の速度が必要で、この速度に達しなければ離陸を取りやめなければなりません。時速300kmだと、1秒間に80m以上も進んでしまいます。「1秒間で速度がわかればよい」なんて悠長なことはいっていられません。**必要なのは瞬間瞬間の速度で、それを求めるツールこそが微分**なのです。

秒速	時速
秒速60m	時速216km
秒速70m	時速252km
秒速80m	時速288km
秒速90m	時速324km
秒速100m	時速360km

時速288kmだと1秒で80mも進んでしまう

世間では「大は小を兼ねる」ことがよくありますが、数学は「チリも積もれば山となる」世界です。「限りなく0に近い小さな値」を求めることができれば、大きな値をカバーできる、というのが数学の発想で、この発想によって公式がつくられています。公式は覚えて身につけさえすれば、機械的に応用できるので便利です。「微分なんて何の役に立つのですか？」と聞かれることがありますが、「割り算で求められるものすべてに微分は役立ちます」と私は答えています。

「直線」から「接線」をつくる過程

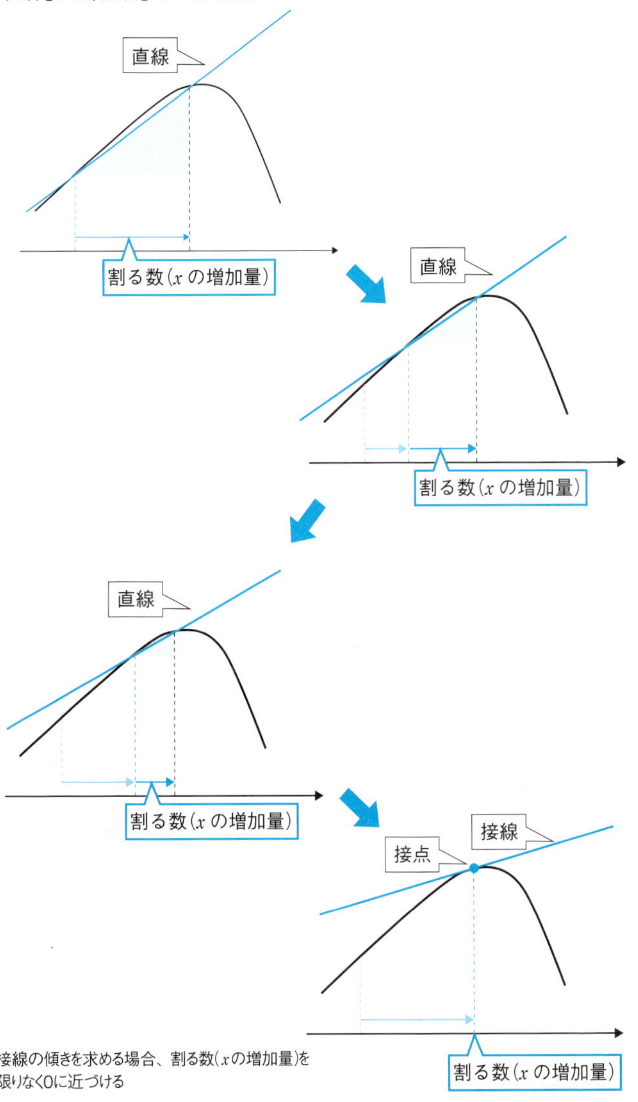

接線の傾きを求める場合、割る数(xの増加量)を
限りなく0に近づける

さらに接点の周りを拡大していくと……

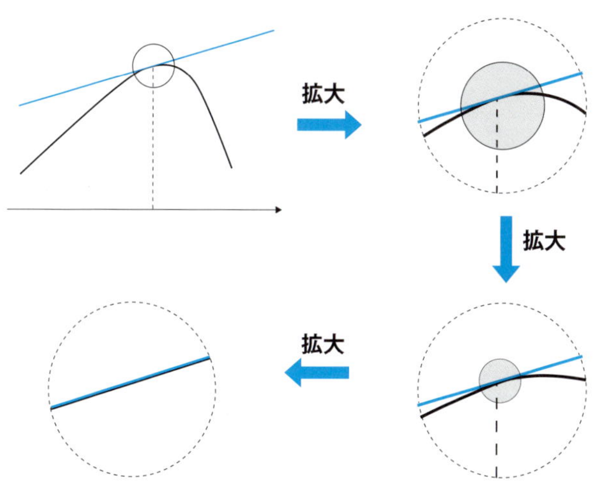

上の図のように、曲線が直線という扱いやすい形に近づいていきます。微分は、曲線や図形を細かく、細かく分割(割り算)していくことで、扱いやすい形に変換する行為なのです。なお、

0.00000000000000000000000000000000………………001

という微小な数を、数学では「**d**」を使って表します。x軸方向で微小な数は「**dx**」と表し、y軸方向で微小な数は「**dy**」と表します。

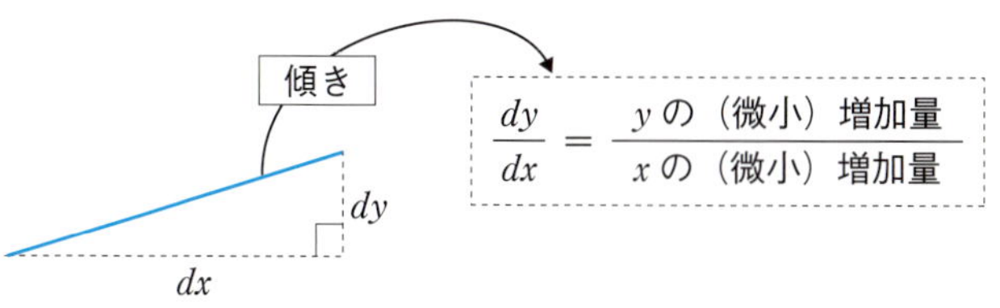

$$\frac{dy}{dx} = \frac{y\text{の（微小）増加量}}{x\text{の（微小）増加量}}$$

「dx」と「dy」を使うと、微分の記号は、

$$\frac{dy}{dx}$$

と表すことができます。この記号は、17世紀のドイツの哲学者・数学者であるライプニッツによって考案されました。読み方は英語の分数の読み方のように「ディーワイ、ディーエックス」と、分子から分母の順に読むのが一般的です。微分の記号はライプニッツが考案した$\frac{dy}{dx}$がわかりやすく、応用範囲も広いため便利なのですが、「y'」と短縮した記号もあります。つまり、

$$\frac{dy}{dx} = y'$$

となります。高等学校の教科書などではこちらのほうが多く使われています。この記号は、フランスの数学者であり天文学者でもあるラグランジュによって考案されました。「y'」の読み方は「ワイダッシュ」や「ワイプライム」です。

私の経験では、高等学校の先生は「ワイダッシュ」と読む方が多く、大学の先生は「ワイプライム」と読む方が多かったようです。記号を発案したラグランジュは、エッフェル塔のバルコニーの下に名前が記されている72人の科学者の1人です。

8-2 私たちは地表を微分した「接線の上」を歩いている

地球は丸いのに、私たちが歩く道筋が常に平面に見えるのは、よく考えると不思議ですね。これは「地球の周の長さ」と「私たちが歩く距離」を比較すると「私たちが歩く距離」が「地球の周の長さ」に比べてあまりにも微小なためです。これは私たちが「地球を微分した接線上を歩いている」ので「地面が平面に感じる」とも考えられますね。地球のある1点を拡大した図に表して、この様子を見ていきましょう。

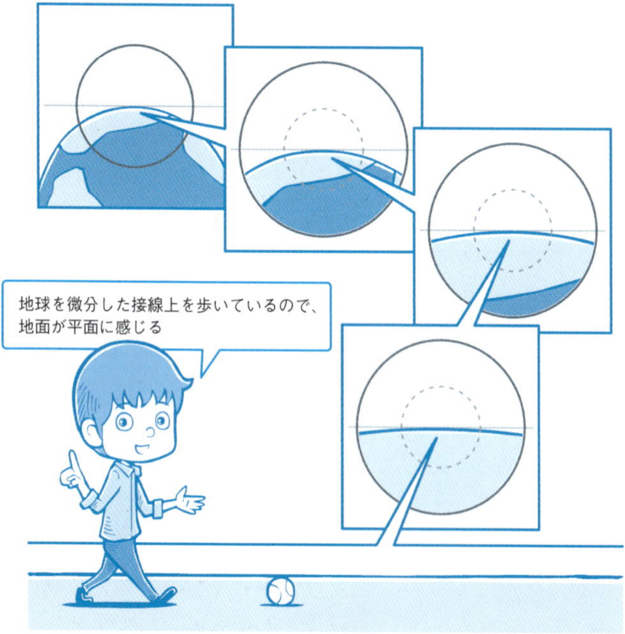

地球を微分した接線上を歩いているので、
地面が平面に感じる

もちろん地球は丸いので、その丸さを実感できる場面もたくさんあります。例えば、年始の恒例行事に「全日本実業団対抗駅伝大会（ニューイヤー駅伝）」や「東京箱根間往復大学駅伝競走（箱根駅伝）」などの駅伝競走があります。テレビ中継を見ると、第1位の走者を追いかける第2位の走者が頭から徐々に映し出される光景を見ることがあります。この光景こそ、地球は丸いことを示す例です。もし、地球が平面だったら、第2位の走者は頭から徐々に映し出されるのではなく、全体が縮小されて映し出されているはずです。

●月や人工衛星はなぜ落ちない？

ボールなどを投げれば、当然、地面に向かって落ちていきます。しかし、偵察衛星、通信衛星、気象衛星などの人工衛星や、月のように、いつまでたっても落ちてこないものもあります。でも、本当に落ちてこないのでしょうか？　月や人工衛星には特別な力が働いて落ちてこないのでしょうか。いいえ、そんなことはありません。実は、月も人工衛星も徐々に落ちているのです。

しかし、**月や人工衛星が落ちた先に地面がなかったら**、どうでしょう？　落ち続けることになります。つまり、月や人工衛星は、**地球に落ち続けている結果、地球の周りを回り続けている**のです。そんな月や人工衛星のように、物体が地球の周りを落ち続ける、回り続けるには条件があります。その条件を探っていきましょう。

なお、人工衛星はまれに地球に落ちてしまうことがあります。その多くは、地球に墜落する前、大気圏に入るときに燃え尽きますが、過去にはソビエト社会主義共和国連邦が打ち上げた「コスモス954号」がカナダ北部に墜落した例もありました。当然、このように人工衛星が地球に墜落すると危険です。そのため、墜落してくる可能性が高まった人工衛星を、米海軍の艦艇がスタンダードミサイル-3（SM-3）で迎撃した例もあります。このときに迎撃されたのは米国家偵察局所有の偵察衛星「NRO launch 21」です。

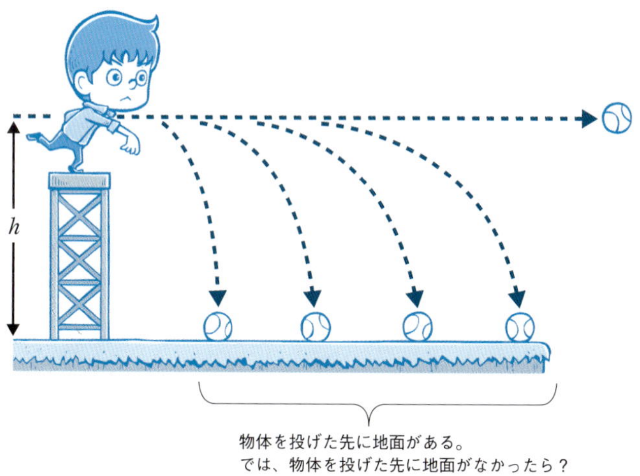

それでは、物体が「落ち続けるための条件」、つまり「地球を回り続けるための条件」を考えていきましょう。条件をなるべく簡単にするために、「物体が地球の表面上で落ちない条件」として考えていきます（人工衛星などの物体が地球の表面上を回っていたら危険ですが……）。まずは、ボールなどの物体を投げたとき、1秒間にどれほど落ちるのか計算します。

重力加速度$g=9.8$、$t=1$とすると

$$h=\frac{1}{2}gt^2=\frac{1}{2}\times 9.8\times 1^2=4.9\,(\mathrm{m})$$

です。

地球の中心から物体までの距離を$R = 6.4 \times 10^6$とし、物体が落ち続けるために必要な速度をvとすると、Rとv、hの関係は下の図のようになります。

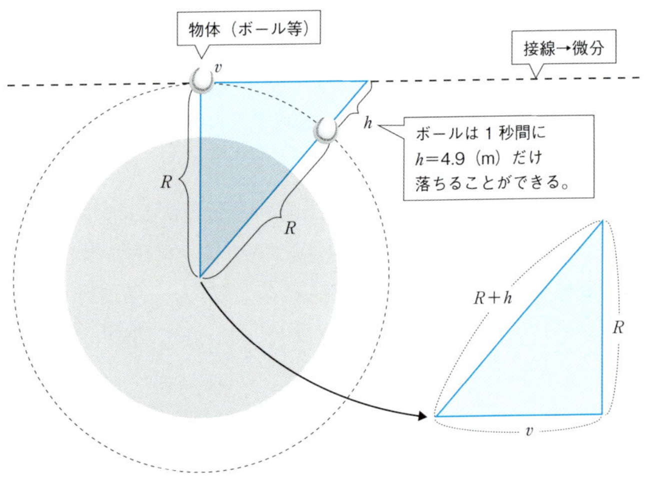

ここで、三平方の定理（ピタゴラスの定理、25ページ参照）より、

$$R^2 + v^2 = (R + h)^2$$
$$R^2 + v^2 = R^2 + 2Rh + h^2$$
$$v^2 = 2Rh + h^2$$

よって$v = \sqrt{2Rh + h^2}$となります。h^2は0より大きい数（$h^2 \geqq 0$）なので、$\sqrt{\square}$の□の部分は、

$$2Rh + h^2 \geqq 2Rh + 0^2 = 2Rh$$

となるので、

$$v = \sqrt{2Rh + h^2} \geqq \sqrt{2Rh} = \sqrt{2 \times 6.4 \times 10^6 \times 4.9}$$
$$= \sqrt{2 \times 6.4 \times 10 \times 10^4 \times 10 \times 4.9}$$
$$= \sqrt{2 \times 64 \times 10^4 \times 49}$$
$$= \sqrt{2 \times 8^2 \times 10^4 \times 7^2}$$
$$= 8 \times 7 \times 10^2 \times \sqrt{2} = 5600\sqrt{2}$$
$$= 5600 \times 1.41421356\cdots$$
$$= 7919.596\cdots \fallingdotseq 7900\text{m/s} = 7.9\text{km/s}$$

この秒速7900m（7.9km）のことを**第一宇宙速度**といいます。

先ほど、墜落してくる可能性が高まった人工衛星の例として、米国家偵察局が所有していた偵察衛星「NRO launch 21」を紹介しましたが、スタンダードミサイル-3（SM-3）で迎撃したとき、NRO launch 21の速度は「秒速7.8km」でした。第一宇宙速度「秒速7.9km」よりも遅くなることで、衛星の軌道から少しずつ外れていったのです。

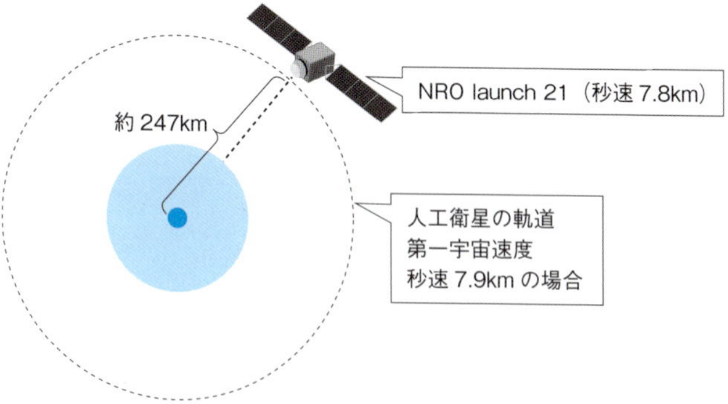

とてつもなく小さな数を掛ける「掛け算」が積分の本質

「積分は面積を求めること」と答える人は多いですが、この本質も微分と同じです。1つ1つ考えていきましょう。まず、面積の公式でいちばん初めに学習するのは何でしょうか？　私がこの質問を学生にすると、なぜか「(底辺)×(高さ)÷2」という三角形の面積を挙げる人が多いのですが、もっと簡単な(縦)×(横)で求まる長方形の面積があります。面積の求め方はほかに、正方形、三角形、平行四辺形、台形、ひし形とさまざまありますが、どれも掛け算の応用として学習するはずです。つまり、**積分はざっくりいうと掛け算**なのです。

高さ
底辺
縦
横

三角形の面積
(底辺)×(高さ)÷2

長方形の面積
(縦)×(横)

では、なぜ掛け算を積分という特別な用語で呼ぶのかというと、掛ける数がとてつもなく小さいからです。具体的には、微分と同じように、以下のような数を掛けるイメージです。

0.00000000000000000000000000000000……001

微分と同じように、とてつもなく小さい数を掛けることに「何の意味があるのか？」と疑問を持つ方もいると思いますが、実はあるのです。例えば、**図1**の面積を、小学校で学習した公式で求められるでしょうか？　求められませんね。

なぜなら、小学校で学習した面積の公式は、縦であれ、横であれ、底辺であれ、高さであれ、**直線の場合しか求められません**。しかし、裏を返せば「直線であれば求められる」のです。そのため、**求める面積が直線になるくらい小さくしてしまえばいい**のです。

例えば、**図2**の曲線の青い長方形部分の面積は求められます。**図3**の青い長方形の隣にあるグレーの斜線の長方形部分の面積も求められます。**図4**のグレーの斜線の長方形の隣にある水色の網点の長方形部分の面積も求められます。それを**図5**のように次々と繰り返していくと、曲線で囲まれた部分の面積は、**図6**のように求められることがわかります。

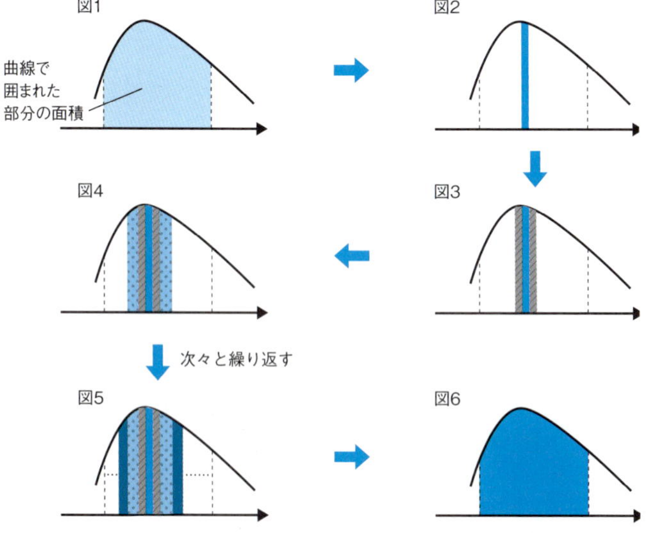

つまり積分とは、**前図**のように**求めたい面積を細かく分割して、「縦×横」の計算を無限回行い、集めて合算しているだけ**なのです。

次に、積分によって面積が求まる過程を、数式と文字で表していきます。まず、**下の左図**の青い長方形の部分の面積を拡大して、数式で表してみましょう。

「縦の長さは y」、「横の長さ」は「0.000……001」のように小さいので「dx」。
よって、上の右図の面積は（縦）×（横）を計算して「$y \times dx$」となる

「a」から右端の「b」まで集めて合わせることを記号で $\int_a^b$ と書くので、**上の左図**の面積を記号で表すと、

$$\int_a^b y \times dx = \int_a^b y\, dx$$

となります。記号を見ると、初めは難しく見えますが、「(縦) × (横) を集めている」のです。この記号 $\int$ は**integral（インテグラル）**といいます。integral（インテグラル）の上下にある数字や文字をそれぞれ**上端**、**下端**といいます。

$\int_a^b$ の場合は「bが上端」で「aが下端」です。

積分の計算方法は、微分の反対であることを利用します（積分が微分の反対になることは148ページのコラムで解説します）。まず、$y=f(x)$ と置き、微分して $f(x)$ になるものを $F(x)$ とします。この $F(x)$ を $f(x)$ の**原始関数**と呼びます。

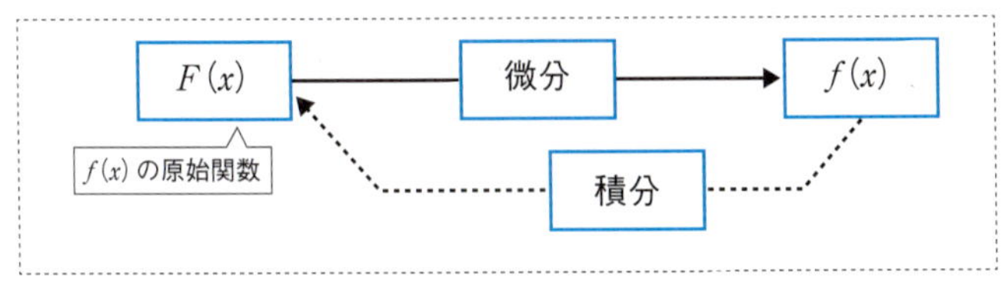

原始関数に「上端の b」を代入した $F(b)$ から「下端の a」を代入した $F(a)$ を引きます。つまり、

$$\int_a^b y\,dx = \int_a^b f(x)\,dx = F(b) - F(a)$$

です。「$F(b) - F(a)$」と一気に計算するのは大変なので、

$$\int_a^b y\,dx = \int_a^b f(x)\,dx = [F(x)]_a^b = F(b) - F(a)$$

と、計算しやすいように $[F(x)]_a^b$ をクッションとして書くことが多いです。上記のような一般的な公式は、高等学校の教科書も含め多くの書籍に書かれていますが、やはり具体的な問題で学習するのがいちばんです。そこで、上記の公式をさらに具体的にするため、使用頻度がいちばん多い、

$$y = f(x) = x^n$$

と置き換えて公式を書くと、次のようになります。「x^n」が難しく感じる場合は「x^n」を「$x^\square$」としても構いません。

$$\int x^\square\,dx = \frac{1}{\square + 1}x^{\square + 1} + C$$

公式の最後に書いてある「＋C」は、**積分定数**といいます。この積分定数「＋C」が必要となる理由を、

$$\int 2x\,dx$$

で説明していきます。まず、微分して「$2x$」になるものを探します。「$(x^2)' = 2x$」の結果から、微分して「$2x$」になるものは「x^2」です。しかし、ここが曲者で、微分して「$2x$」になるのは「x^2」だけではありません。「$(x^2+1)' = 2x$」、「$(x^2+2)' = 2x$」、「$(x^2+3)' = 2x$」、……ですから、微分して「$2x$」になるものは「x^2+1」「x^2+2」「x^2+3」、……と無数にあります。そこで、この**無数にある答えをコンパクトに表す、コンパクトにまとめる記号**が必要になります。それが「＋C」なのです。この公式を「a」から「b」まで積分すると、公式は次のようになります。

$$\int_a^b x^\square\,dx = \left[\frac{1}{\square + 1}x^{\square + 1}\right]_a^b = \frac{1}{\square + 1}b^{\square + 1} - \frac{1}{\square + 1}a^{\square + 1}$$

Column なぜ微分と積分は「反対」なのか?

「微分の反対は積分、積分の反対は微分」と習います。微分の学習を進めると「微分は接線の傾きを求めること」、積分の学習を進めると「積分は面積を求めること」と習うので、次のような疑問がわきます。

「接線の傾きを求める微分の反対が、面積を求める積分?」

「つまり、接線の傾きの反対が面積?　どういうこと?」

確かに「接線の傾きと面積の関係が反対」と想像するのは困難です。そこで、視点を切り替えて、微分と積分を以下のようなざっくりとしたイメージから考えてみます。

微分は0.0……01のように「とてつもなく小さい数」で**割る**こと
積分は0.0……01のように「とてつもなく小さい数」を**掛ける**こと

「微分」や「積分」は「割る数」や「掛ける数」がとてつもなく小さい「割り算」や「掛け算」です。「掛け算」の反対は「割り算」、「割り算」の反対は「掛け算」であることはわかりますから、ここから考えると「微分」と「積分」が反対の関係になるとイメージしやすいでしょう。

あくまで「傾きは微分の一例」「面積は積分の一例」なのです。一例だけからイメージするのは難しいので、**一例のもとになっている原理から考えるとイメージしやすくなるのが微分積分**です。

第9章

正しく使えば未来を予測できる「確率・統計」

私たちは普段から「%」を使った会話をしています。確率は「確からしさ」を0～100の%で表したものです。確率を使って予想などの意思決定をする学問が統計です。応用範囲が身の回りで広がりつつある確率・統計を見ていきましょう。

9-1 統計的にはまったく根拠がない「花占い」

「好き、嫌い、好き、嫌い、……」と花びらをちぎりながら、思いをはせる人が「自分のことを好きか、嫌いか」を占うのが**花占い**です。昔、占った人がいるかもしれません。しかし、この花占い、数学的に考えればとても「飛躍している」ところがあります。なぜなら、「好き、嫌い、好き、嫌い、……」と、好きと嫌いが交互に起こっています。これは思いをはせる相手が自分のことを好きである確率を「50％」と勝手に決めたことになるのです。「なぜ50％になるのか」まったく根拠がありません。もしかすると「好き、好き、好き、好き、嫌い、……」かもしれないし、「嫌い、嫌い、嫌い、嫌い、好き、……」かもしれません。わからないもの(好きである確率)を勝手に決めているところに飛躍があるのです。しかも、花びらの数は下の表のように花によって違うことが多いので、作為的に確率を操れます。

代表的な花の花びらの枚数

花	花びらの枚数
ミズオオバコ	3
梅、桜、朝顔、椿	5
コスモス	8
矢車草、アスター、マリーゴールド	13
マーガレット、サザンカ	21
マツバギク	34
ガーベラ	55

「硬貨を投げたときに表や裏が出る確率」のように、均等な確率で起こることを、学校の教科書では「同様に確からしい」と定めています。そのため、学校の教科書で確率の問題を考える場合は、あくまで「同様に確からしい」ことが前提になっているのです。

この「同様に確からしい」という条件を外して占った場合、奇妙な結果になる可能性があります。

例えば、「宇宙人はいるのか、いないのか？」という話題を耳にすることがありますが、「宇宙人がいる」場合と「宇宙人がいない」場合の2通りしかないから、「宇宙人がいる確率は50％」というのは飛躍があるでしょう。この宇宙人の存在と同じくらい、花占いの「好き」「嫌い」の2択には飛躍があります。まさか天気予報で「雨が降る場合と雨が降らない場合の2通りしかないから、降水確率は毎日50％」なんてことにはなりませんよね。降水確率は過去30年間のデータをもとに予報を出しているのですから、花占いも過去のデータをもとに「好き」と「嫌い」の頻度を決めたいものです。

●フィボナッチ数列

蛇足ですが、前ページの表の花びらの枚数に規則性があることにお気づきでしょうか？　表の花びらの枚数は、

3, 5, 8, 13, 21, 34, 55

となります。このように数を並べたものを数列といいます。この数列は以下のようになっています。

3番目の8は、1番目の3と2番目の5を足したもの（$3 + 5 = 8$）
4番目の13は、2番目の5と3番目の8を足したもの（$5 + 8 = 13$）
5番目の21は、3番目の8と4番目の13を足したもの（$8 + 13 = 21$）
6番目の34は、4番目の13と5番目の21を足したもの（$13 + 21 = 34$）

このように、特別な規則がある数列を**フィボナッチ数列**と呼んでいます(**下の図**)。

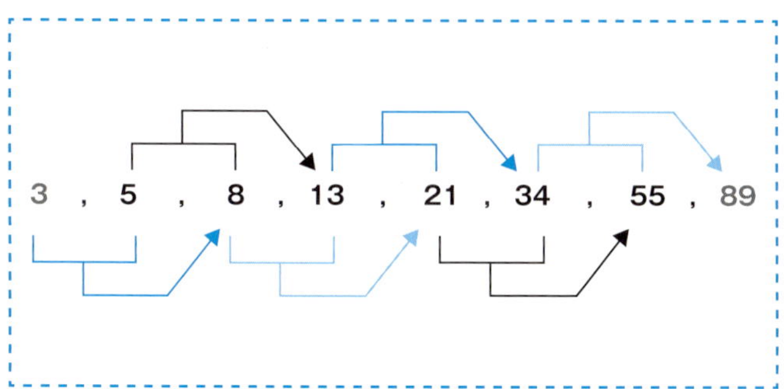

フィボナッチ数列をもう少し書き出していくと、

1, 1, 2, 3, 5, 8, 13, 21, 34, 55, 89, 144, 233, 377, 610, 987, 1597, 2584

となります。フィボナッチ数列の隣り合う数の比を計算すると、**右表**のように「1.618…」という数字に近づいていきます。この1.618…という数字、見覚えはありませんか？

$$\frac{1+\sqrt{5}}{2} = 1.618\cdots$$

そう、これは第2章で登場した**黄金比**です。フィボナッチ数列に黄金比が現れるなんて、とても不思議ですね。

数列	フィボナッチ数列の比
1	
1	1÷1=1
2	2÷1=2
3	3÷2=1.5
5	5÷3=1.666…
8	8÷5=1.6
13	13÷8=1.625
21	21÷13=1.615…
34	34÷21=1.619…
55	55÷34=1.617…
89	89÷55=1.618…
144	144÷89=1.617…
233	233÷144=1.618…
377	377÷233=1.618…
610	610÷377=1.618…
987	987÷610=1.618…
1597	1597÷987=1.618…
2584	2584÷1597=1.618…

9 2 宝くじを「1億円」分買ってみた私の末路（ただしシミュレーターで）

夢と期待を込めて**宝くじ**の売り場に行く人は多いでしょう。今も昔も宝くじは大人気で、売り場によっては長い行列もできています。

宝くじを数学的に計算すると、「買えば買うほど、当せん金は購入額の半分に収束」していきます。この事実を「実験（シミュレーション）しなくてもわかること」が数学のよさなのですが、そこを確かめたくなるのが人の心理でもあります。

「宝くじで1億円当たったら、どうなるのだろう？」と夢が膨らむ人がいる一方、「実際、1億円分の宝くじを買ったら、どのくらいの額が返還されるのだろう？」と考える人もいるはずです。

普通、1億円分の宝くじを実際に買うことはできませんが、今は「web宝くじシミュレーター」（http://kaz.in.coocan.jp/takarakuji/）のようなツールでシミュレーションできます。

最近、複数の知人から「宝くじを1億円分買って分析してみた」「宝くじで1億円使ってみた」といった、冗談のような話を耳にしました。私の知人は「そんなに大金持ちばかりだったのか？」と初めは驚きましたが、実は本当に宝くじを買ったわけではなく、この「web宝くじシミュレーター」で仮想体験していたのです。

ものは試し、私も「ハロウィンジャンボ宝くじ」でシミュレーションしてみたところ、**次のページの表**のような結果でした。

なんと、**1億円つぎこんで、当せん金額は3,000万円にもおよばない（！）**という「くじ運のないありさま」でした。数学を教える仕事をしている私も、宝くじの前では無力です……。私の周りには、「約1億円かけて当せん額が4,500万円」の方や「3,000万

※宝くじの「とうせん」は、漢字で「当籤」ですが「当せん」で統一。

「ハロウィンジャンボ宝くじ」購入時の購入額(約100万～約1億円)別各種シミュレーション結果

購入金額	約100万円	約500万円	約1,000万円	約1億円
購入本数	3,333枚	16,667枚	33,333枚	333,333枚
1等(3億円)	0本	0本	0本	0本
1等の前後賞(1億円)	0本	0本	0本	0本
1等の組違い賞(10万円)	0本	0本	0本	1本
2等(1,000万円)	0本	0本	0本	0本
3等(100万円)	0本	0本	0本	0本
4等(3,000円)	33本	148本	314本	3,310本
5等(300円)	335本	1,668本	3,334本	33,334本
ハロウィン賞(1万円)	6本	42本	91本	961本
当せん金額	259,500円	1,364,400円	2,852,200円	29,640,200円
回収率	25.95%	27.29%	28.52%	29.64%
当せん率	11.22%	11.15%	11.22%	11.28%

円すら戻ってこなかった……」という、宝くじ運に恵まれない方もいました。

このような結果を見ると、「実験マインド」を発揮して実際の宝くじを買わなくて本当によかったと思いますし、こういう「事故」を防いでくれるツールこそが数学なのかもしれません。

なお、ハロウィンジャンボ宝くじは、販売総額300億円に対して配当総額が143億9,900万円で、配当率は約48%でした(この計算の詳細は後に紹介します)。そのため、1億円分購入したら「ざっくり4,800万円」は戻ってきてほしいところですが、回収率が30%に満たない(3,000万円に満たない)ので、不思議に思う方もいるでしょう。

このように回収率が少ない理由は、ハロウィンジャンボ宝くじの販売総額300億円に対して1億円という数字は、「販売総額と比較するとまだまだ少ない(実験額が小さい)」からと考えられます。期待の額に収めるには、もう少しシミュレーション額を大きくする必要があります。そこで、より大きな額でシミュレーションしてみました。結果は次の表のとおりです。

「ハロウィンジャンボ宝くじ」購入時の購入額(約10億～約150億円)別各種シミュレーション結果

購入金額	約10億円	30億円	90億円	150億円
購入枚数	3,333,333枚	10,000,000枚	30,000,000枚	50,000,000枚
1等(3億円)	0本	0本	4本	9本
1等の前後賞(1億円)	0本	4本	4本	8本
1等の組違い賞(10万円)	36本	86本	279本	522本
2等(1,000万円)	1本	1本	5本	12本
3等(100万円)	1本	6本	28本	49本
4等(3,000円)	33,342本	99,788本	299,587本	499,499本
5等(300円)	333,334本	1,000,001本	3,000,000本	5,000,001本
ハロウィン賞(1万円)	9,935本	30,360本	89,954本	149,577本
当せん金額	313,976,200円	1,327,564,300円	4,404,201,000円	8,215,467,300円
回収率	31.39%	44.25%	48.94%	54.77%
当せん率	11.30%	11.30%	11.30%	11.30%

宝くじを購入する額が大きければ大きいほど、回収率は配当率の約48%に近づいていきます。この事実を、数学では**大数**(たいすう)**の法則**といいます。この結果から、宝くじはやはり、購入額が大きいほど、購入額の半分に収束していくことになりそうです。販売総額300億円の10分の1以上(30億円以上)を購入すると、期待額に近づいている実感が湧きますね。

なお、宝くじの売り場には「西銀座チャンスセンター」のように「当たる」と評判の行列ができる宝くじ売り場もあり、「西銀座の母」と呼ばれるベテランの販売員もおられるようです。しかし、数学的には、どの宝くじ売り場で買っても当たる確率に違いはありませんし、そのようなことがあっては不公平です。web宝くじシミュレーターのシミュレーション結果が示すように、「当たる」と評判のお店は、**多くの人間が宝くじを買っているからこそ当たる**のです。

こういうときこそ、宝くじ売り場によって当たり外れに差があるのかどうかを知るために、実際の「平均値(数学の言葉では期待値)」を求めることが大事なのですが、ほとんどの方は気にしていないようです。

「平均値(期待値)が大事なのに、なぜか上位の例を提示する」

「上位の例が大事なのに、なぜか平均を求めて比較する」

そういうことが日常ではよくありますから、本当に「平均を求めることが大事なのか」「上位の例を提示するのが大事なのか」を判断することも重要です。

●ハロウィンジャンボ宝くじの期待値を求める

ここでハロウィンジャンボ宝くじの**期待値**を求めてみましょう。1枚300円で発売予定枚数1億枚、販売予定額が300 × 1億 = 300億円のときの当せん金・本数は**次の表**のとおりです。

等級等	当せん金(円)		本数(本)	当せん確率
1等	300,000,000	(3億)	10	$\frac{1}{10000000}$
1等の前後賞	100,000,000	(1億)	20	$\frac{1}{5000000}$
1等の組違い賞	100,000	(10万)	990	$\frac{99}{10000000}$
2等	10,000,000	(1,000万)	20	$\frac{1}{5000000}$
3等	1,000,000	(100万)	100	$\frac{1}{1000000}$
4等	3,000		1,000,000	$\frac{1}{100}$
5等	300		10,000,000	$\frac{1}{10}$
ハロウィン賞	10,000		17,000	$\frac{3}{1000}$

各等級、前後賞、組違い賞およびハロウィン賞の**当せん金の総額**は**次の表**のとおりです。

等級等	当せん金(円)	本数	当せん金×本数
1等	300,000,000	10	3,000,000,000
1等の前後賞	100,000,000	20	2,000,000,000
1等の組違い賞	100,000	990	99,000,000
2等	10,000,000	20	200,000,000
3等	1,000,000	100	100,000,000
4等	3,000	1,000,000	3,000,000,000
5等	300	10,000,000	3,000,000,000
ハロウィン賞	10,000	300,000	3,000,000,000
合　計		11,301,140	14,399,000,000

上の表から、ハロウィンジャンボ宝くじ1枚の期待値は、

$$\frac{14399000000}{100000000} = \frac{14399}{100} = 143.99\text{円}$$

です。ハロウィンジャンボ宝くじ1枚の価格300円に対して143.99円だけ購入者に配当されるのですから、配当率は、

$$\frac{143.99}{300} = 0.47996\dot{6} = 47.996\dot{6}\% \ (\fallingdotseq 48\%)$$

です。なお、この配当率はあくまで「宝くじが完売した場合」です。先ほどのシミュレーションの結果のとおり、宝くじを買う人が多ければ多いほど、購入額が大きければ大きいほど、還元率は約48%に近づいていきます。

ここで配当金の額を見ると、1等賞と1等の前後賞が合わせて50億円で、総額の約35%を占めていますから、1等賞と1等の前後賞が当たらないことには、配当率の約48%に近づきそうにありません。実際、web宝くじシミュレーターの結果が示すように、還元率が48%に近づいているのは購入金額が30億以上のときで、1等賞と1等の前後賞が数枚当たっています。**還元率に近づけるためにはホームラン級の大当たりが必要**のようです。

マンションの「最多販売価格帯」は「最頻値（モード）」である

新聞などの折り込みにマンションの広告が入っていることがあります。このマンションの広告には統計の数字がいくつか登場しますから、統計の勉強ができます。それでは見ていきましょう。

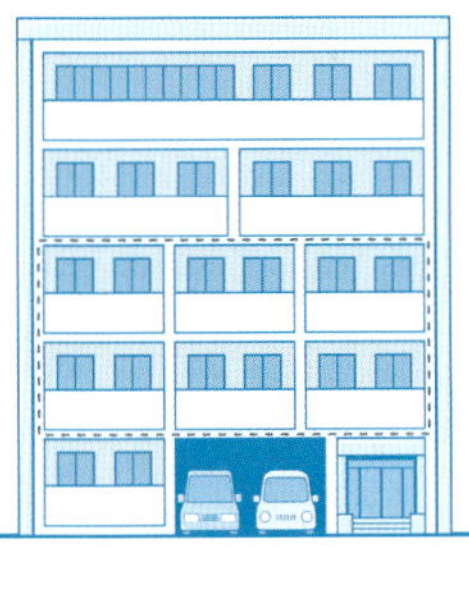

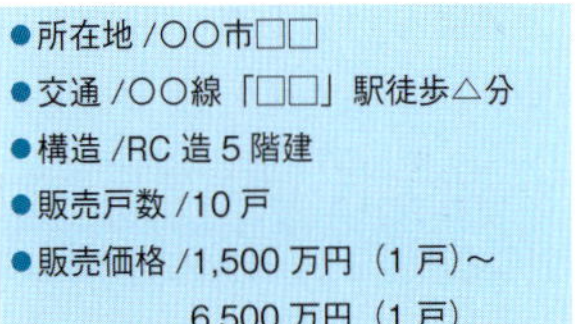

マンションには**最多販売価格帯**（もしくは**最多価格帯**）が設定されています。これは、マンションの価格を100万円単位で表示したときに、販売戸数が最も多い価格帯を示しています。

マンションは、新築の一戸建住宅と違い、販売戸数が1戸ではなく10戸、20戸、場合によっては100戸を超えますが、住戸によって広さ、日当たりの善しあし、景色の善しあしなどの条件が違うので、販売価格を一律に設定できません。そこで販売価格を、

販売価格/1,500万円（1戸）～6,500万円（1戸）

のように範囲で表記しますが、これだけでは価格の幅が広くて困ります。特に、都心で駅近のマンションには、

販売価格/5,000万円（1戸）～2億5,000万円（1戸）

のように、販売価格の幅が億単位のマンションもあるので、平均値のような数字も欲しいところです。しかし平均は、極端に大きい数字や極端に小さい数字（異常値）があると、それに引っ張られてしまう性質があります。そこで、極端な数値に引っ張られない数字として最多販売価格帯があるのです。なお、最多販売価格帯は、数学の一般的な用語にすると**最頻値（モード）**となります。

例として**下の図**のようなマンションを考えてみましょう。

いちばん戸数が多いのは、6戸ある2,000万円なので、これが最多販売価格帯です。10戸以上の宅地建物の販売広告をつくるときは、最低価格、最高価格および最多販売価格帯と販売戸数を示すことになっているため、マンションのチラシでは、**前ページ**のように表記されています。

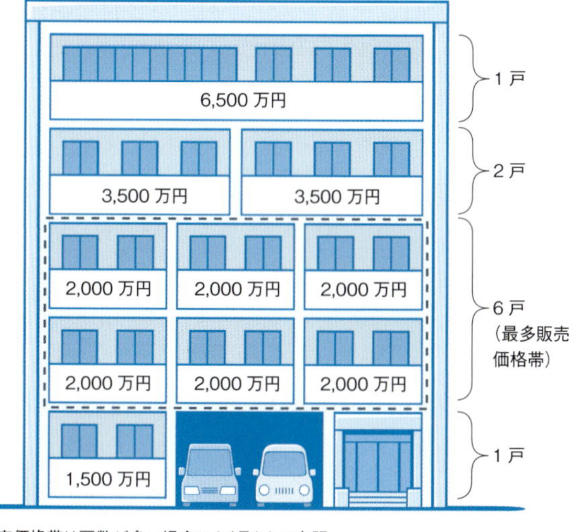

最多販売価格帯は戸数が多い場合によく見られる表記

なぜ選挙速報は「開票率1%」でも「当選確実」といい切れるのか?

衆議院などの選挙が行われるたび、テレビ局は特番を組んで速報します。そのとき、全部が開票されたわけでもないのに「○○氏、当選確実」と、テレビ画面にテロップがよく流れます。

開票率が1%やそれにも満たない0%の場合でも、数分後に「当選確実」と出されて、候補者の「ばんざ〜い!」を放送することもあります。この「当選確実」は、どうやって速報を出しているのでしょうか? 「当選確実」を報道機関が発表するには、その候補者がほかの候補者に「確実に勝っている」というデータが必要です。このデータを得るために行っているのが、**出口調査**、**事前の取材**、**世論調査**などです。出口調査は投票を終えた人に声をかけて「候補者の誰に投票したのか」を聞き出してまとめたデータです。事前の取材では、報道機関の記者が候補者の選挙事務所などを回ります。事務所によっては「堅い票」の情報を持っていることもあるので、取材で聞き出します。

もちろん選挙が接戦になることも多くあります。その場合は**開票所でも調査**します。開票所では2人1組となり、1人が三脚などの高台に立ち、双眼鏡で投票用紙を確認し、もう1人が数を数えます。このような情報をもとに当選を予想しているのです。

もちろん、「当選予想が外れる可能性もあるのでは?」と思った方もいるでしょう。そのとおりです。一度は当選確実が出ていた候補者が落選した例(当確誤報)は、近年の選挙でも少なからずありました。当選確実はあくまでも推定なのです。

統計手法で予想した結果が外れた有名な例があります。1948年の米国大統領選挙です。この大統領選挙は、有力な候補としてトルーマン候補とデューイ候補がいました。この選挙では、世論調査のパイオニアであるギャラップ社をはじめ、クロスレー社、ローバー社といった有名な会社が予想していました。世論調査の結果では、ギャラップ社とクロスレー社が約5ポイント差で、ローバー社は約15ポイント差でトルーマン候補者が負けるとしていました。ところが実際の結果は、**約4ポイント差でトルーマン候補が勝った**のです。

世論調査会社の予想と実際の結果

	ギャラップ社	クロスレー社	ローバー社	実際の結果
デューイ候補	49.5%	49.9%	52.2%	45.1%
トルーマン候補	44.5%	44.8%	37.4%	49.5%
そのほかの候補	6.0%	5.3%	10.4%	5.4%
合計	100.0%	100.0%	100.0%	100.0%

世論調査は、米国に限らず国民の意思を調べる大事な役割を担っています。世論調査の結果と実際の大統領選の結果がこんなに違うのでは、世論調査が国民の意思を調査できていないことになりかねず、問題があります。この予測が外れたことは深刻に受け止められました。

この1948年の米国大統領選挙は、さまざまな予想を覆してトルーマン候補が当選したため、「トルーマンの奇跡」とまでいわれたそうですが、予想が外れた原因は、このときの調査方法である**割当法(quota system)**にあったのではないかと分析されています。割当法は、有権者を年代、性別、地域別に分類し、そのボリュー

割当法（quota system）

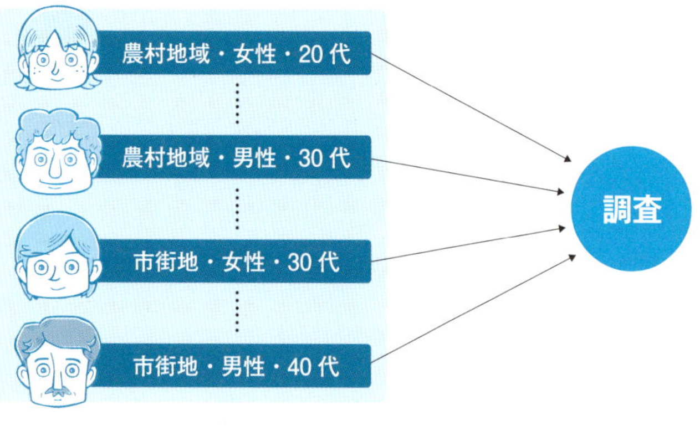

ムに応じて調査対象者の数を割り当て、有権者全体の構成と同じようになるようにして調査する方法です。

特に問題はない方法に感じますが、なぜ予想は外れたのでしょうか？　それは、**調査する相手を偏って選んでいたため**と考えられています。この割当法は、分類された条件さえクリアしている調査対象者なら、調査する相手は誰でもよいことになっていました。ざっくりいえば、調査員が調査する相手を主観で選べたわけです。そうなると、調査員は知人や調査しやすそうな人を選ぶのが普通です。自分で調査する相手を決めていいのに、わざわざ「声をかけづらい人」を選んで調査したりはしないものです。しかし「声をかけづらい相手は調査しない」となれば、どうしても調査は偏ってしまいます。

ランダムというのは、「適当にやればいい」と思われがちですが、実は難しく、本当に実現しようとすると費用がかかります。費用を抑えようとすればするほど、ランダムではなくなってしまうことを物語る歴史的な一例だったのです。

なぜ「分散」や「平均偏差」ではなく「標準偏差」を使うのか?

学校の定期考査や模擬試験では、答案が返されるタイミングで多くの場合、平均点も教えてもらえますが、自分の点と平均点だけでは、自分の位置がどのくらいなのか詳細まではわかりません。例えば、次の例で考えてみましょう。

科目	自分の点	平均点
日本史	72	60
世界史	78	65

日本史も世界史も、自分の点は平均点の1.2倍ですから「だいたい同じくらいだな」と思ってしまいます。

このように、ざっくり評価するのも1つの方法ですが、大学受験などのように1点で合否が分かれる競争試験の場合、より正確な情報がほしいところです。

そこで、平均点が違う科目をより公平に比較する「ツール」が**偏差値**です。偏差値は、平均を50、標準偏差を10としたときの値です。偏差値60の場合は上位から数えて15.87%の位置、偏差値70の場合は上位から数えて2.28%の位置にいると把握することができます。

偏差値を導入する際には、**標準偏差**と呼ばれる、データのバラつき具合を表す数字が必要になりますが、詳細は後で解説します。その計算の仕方についても後で解説します。

まず、偏差値は、

$$\frac{(\text{自分の得点})-(\text{平均点})}{(\text{標準偏差})}\times 10 + 50$$

を計算すれば求められます。先の例において、日本史の標準偏差を6、世界史の標準偏差を10としてそれぞれの偏差値を求めると、

科目	点数	平均点	標準偏差	偏差値	偏差値の計算式
日本史	72	60	6	70	$\frac{72-60}{6}\times10+50=20+50$
世界史	78	65	10	63	$\frac{78-65}{10}\times10+50=13+50$

となり、点数は世界史よりも低かった日本史のほうが偏差値は高くなります。

●標準偏差について

ここで**標準偏差**を解説します。データの特徴を数字で表す場合、いちばん利用されるのは平均です。しかし、平均は万能ではなく、弱点もありました。例えば、次のデータを見てみましょう。ある試験の点数とします。

名前	1人目	2人目	3人目	4人目	5人目	6人目
Aクラス	50点	50点	50点	50点	50点	50点
Bクラス	60点	40点	60点	40点	60点	40点
Cクラス	75点	25点	75点	25点	75点	25点
Dクラス	100点	0点	100点	0点	100点	0点

A～Dのどのクラスも**平均点は50点**です。だからといって「A

～D、どのクラスも同じ傾向です」とはなりませんよね。Aクラスはみな同じ得点、Bクラスも比較的、平均的な成績の人が集まっていますが、Cクラスは大きな点差があり、比較的その教科が得意な人と比較的苦手な人が集まったようなイメージです。Dクラスは、その教科が大好きな人と大嫌いな人に分かれている印象です。しかし、このような言葉だけで、正確に特徴を伝えるのは困難です。なぜなら、言葉だと人によって受け取り方や感じ方が違うからです。そこで、数字で客観的に違いを表現したいのです。

では、この4クラスの何が違うのでしょうか？　平均点は同じですが、平均点からの幅、バラつき、散らばりの度合いが違うのです。Aクラスはみな平均点と同じ点数なので、バラつき、散らばりはありません。Bクラスは、平均点から10点のバラつき、散らばりがあります。Cクラスは、平均点から25点のバラつき、散らばりがあります。Dクラスは、平均点から50点のバラつき、散らばりがあります。

この平均からのバラつき、散らばりの度合いを、数学では**標準偏差**と呼んでいます。数字で表すと、Aクラスの標準偏差は0点、Bクラスの標準偏差は10点、Cクラスの標準偏差は25点、Dクラスの標準偏差は50点となります。

●標準偏差の求め方

この例のように、バラつき、散らばりの度合いが各クラス一律であれば、標準偏差は簡単に求められますが、一般的には一律になりません。そこで、**バラつき、散らばりの度合いが一律にはならない場合に標準偏差をどのように求めるのか**紹介します。

次の表はA、B、C、Dさんが4～8月にアルバイトしたときの給与を一覧にしたものです。ご覧のとおり、**平均給与は全員同じ5万円**です。

氏名	4月給与	5月給与	6月給与	7月給与	8月給与	平均給与
Aさん	5万	5万	5万	5万	5万	5万
Bさん	2万	4万	5万	6万	8万	5万
Cさん	0	2万	4万	8万	11万	5万
Dさん	0	0	0	0	25万	5万

では、Aさん、Bさん、Cさん、Dさんの給与はどう違うのか考えるため、平均からのバラつき、散らばりの度合いを表す標準偏差を求めてみましょう。まず、毎月の給与から平均給与の5万円を引きます。平均を引いたこの値を**偏差**といいます。

氏名	4月給与−5万円	5月給与−5万円	6月給与−5万円	7月給与−5万円	8月給与−5万円	偏差の合計
Aさん	0	0	0	0	0	0
Bさん	−3万	−1万	0	1万	3万	0
Cさん	−5万	−3万	−1万	3万	6万	0
Dさん	−5万	−5万	−5万	−5万	20万	0

しかし、単純に引き算をすると、**上の表**のように、偏差の合計がいつも「0」になってしまいます。これでは、Aさん、Bさん、Cさん、Dさんのバラつきや散らばりの度合いを分析できません。この偏差の合計がいつも同じ「0」になるのは、**プラスの数とマイナスの数が混在しているから**です。そこで、マイナスの数を強引にプラスにするため**2乗**します。この2乗した数の平均を**分散**と

いいます。各人の偏差の2乗を求め、分散を計算してみましょう。

氏名	(4月給与−5万円)の2乗	(5月給与−5万円)の2乗	(6月給与−5万円)の2乗	(7月給与−5万円)の2乗	(8月給与−5万円)の2乗	分散
Aさん	0	0	0	0	0	0
Bさん	9万^2	1万^2	0	1万^2	9万^2	4万^2
Cさん	25万^2	9万^2	1万^2	9万^2	36万^2	16万^2
Dさん	25万^2	25万^2	25万^2	25万^2	400万^2	100万^2

上の表から、Aさんよりも Bさんのほうが、Bさんよりも Cさんのほうが、Cさんよりも Dさんのほうがバラついていることが、数字で客観的にわかります。ただし、この分散は少々厄介なことがあります。単位を見てください。

万^2

です。分散を求める際に2乗したため、単位も2乗されてしまうのです。この**万^2**という単位を日常的に使うでしょうか？　使いませんね。そこで、単位の2乗をなくすため、分散の値の**平方根(ルート)**を取ります。分散の平方根(ルート)が**標準偏差**です。

標準偏差＝$\sqrt{分散}$

氏名	分散	$\sqrt{(分散)}$	標準偏差
Aさん	0	0	0
Bさん	4万^2	$\sqrt{(4万^2)}$	2万
Cさん	16万^2	$\sqrt{(16万^2)}$	4万
Dさん	100万^2	$\sqrt{(100万^2)}$	10万

先ほど、バラつき、散らばりの度合いを表す**分散**を求める過程で、マイナスをプラスにするために偏差を2乗しました。「マイナスをプラスにするだけ」であれば、2乗ではなく「偏差の絶対値」を用いる方法もあります。「偏差の2乗」は分散といいますが、「偏差の絶対値」は**平均偏差**と呼ばれています。しかし、平均偏差は標準偏差に比べて、あまり用いられません。

氏名	(4月給与−5万円)の絶対値	(5月給与−5万円)の絶対値	(6月給与−5万円)の絶対値	(7月給与−5万円)の絶対値	(8月給与−5万円)の絶対値	平均偏差
Aさん	0	0	0	0		0
Bさん	3万	1万	0	1万	3万	1.6万
Cさん	5万	3万	1万	3万	6万	3.6万
Dさん	5万	5万	5万	5万	20万	8万

その理由の1つは、**絶対値の計算よりも2乗の計算のほうが楽だから**です。絶対値の計算は、高校の教科書にあるように「場合分け」が必要なので、どうしても複雑になりがちです。それに対して2乗の計算は、場合分けをせず機械的にできるので、数自体は大きくなりますが簡単です。

なお、バラつき、散らばりの度合い「だけ」を調べるのであれば、標準偏差、平均偏差のどちらを用いても構いませんし、分散を用いても構いません。ただし、私たちはバラつき、散らばりの度合い「だけ」を知りたいとは限りません。バラつき、散らばりの度合いを使っていろいろな予想や推定をして、日常で応用したいのです。日常で応用するとき、分散や平均偏差は標準偏差よりも扱いにくいため、標準偏差を用いることが多いのです。

9-6 「人気アイドルになれる確率」は「ポアソン分布」を使えばわかる

「1日あたりの交通事故の件数」「書籍1ページあたりの誤植（ミスプリント）の数」など、レアなケース（起こる確率が非常に小さいもの）を予想する場合に用いられるのが**ポアソン分布**です。かつて「馬に蹴られて亡くなった兵士の数」を調査・分析した統計学者がいましたが、この特殊ケースこそ、ポアソン分布初の実用例といわれているので、後で解説します。

ポアソン分布の式は、単位時間（1時間、1日、1年など）に、ある出来事が平均λ（ラムダ）回起こるとしたとき、その出来事がk回起きる確率を、**次の式**で表したものです。

$$\frac{e^{-\lambda}\times\lambda^{k}}{k!}$$

ここで、**eは自然対数の底**と呼ばれます。2.718281828459…と、円周率πのように無限に続く数です。$k!$は、1からkまでの整数を掛け算した値です。例えば、$1!$は1、$2!$は$2\times1=2$、$3!$は$3\times2\times1=6$です。この公式を見ただけでは何のことかわからないので、例題を使って考えてみましょう。

●例題

ランチタイムの12～13時の1時間に、電話が平均3回かかってくる事務所があります。本日のランチタイムの間に電話がかかってくる回数をポアソン分布で求めてください。電話がかかってくる頻度はランダムとします。

電話が平均して3回かかってくるということより、$\lambda=3$として、

$$\frac{e^{-3}\times 3^k}{k!}=\frac{3^k}{e^3\times k!}$$

です。では、この式を使って、ランチタイムに「電話がかかってこない」「1回かかってくる」「2回かかってくる」「3回かかってくる」確率を求めていきましょう。

●ランチタイムに電話がかかってこない（$k=0$）確率

$$\frac{3^0}{e^3\times 0!}=\frac{1}{e^3}=\frac{1}{20.0855369\cdots}=0.049787068\cdots\fallingdotseq 5.0\%$$

●ランチタイムに1回（$k=1$）電話がかかってくる確率

$$\frac{3^1}{e^3\times 1!}=\frac{3}{e^3}=\frac{3}{20.0855369\cdots}=0.1493612\cdots\fallingdotseq 14.9\%$$

●ランチタイムに2回（$k=2$）電話がかかってくる確率

$$\frac{3^2}{e^3\times 2!}=\frac{9}{2e^3}=\frac{9}{40.17107385\cdots}=0.224041808\cdots\fallingdotseq 22.4\%$$

●ランチタイムに3回（$k=3$）電話がかかってくる確率

$$\frac{3^3}{e^3\times 3!}=\frac{9}{2e^3}=\frac{9}{40.17107385\cdots}=0.224041808\cdots\fallingdotseq 22.4\%$$

まとめると次の表のとおりです。

電話の回数 [k]	0	1	2	3	4	5	6	7
確率(%)	5.0	14.9	22.4	22.4	16.8	10.1	5.0	2.2

ランチタイム時に平均して3回電話がかかってくる事務所の場合、まったく電話がかかってこない確率は約5%ですから、電話番を置かず、みんなで一緒に外でランチするのは難しそうですね。

実は、このポアソン分布、単位時間を1日、1週間、1カ月……1年と広げていくことで、より興味深い予想ができます。例えば、次の例題を考えてみましょう。

●例題

A県では、毎年平均1名が人気アイドルになり、B県では毎年平均2名が人気アイドルになっている。今年、A県、B県で人気アイドルになれる人数とその確率は？

○A県

毎年1人（$\lambda = 1$）が人気アイドルになっている場合

平均1名より、$\frac{e^{-\lambda} \times \lambda^k}{k!}$に$\lambda = 1$を代入すると、

$$\frac{e^{-1} \times 1^k}{k!} = \frac{1}{e \times k!}$$

となります。これを用いて計算していきます。

●今年は誰も人気アイドルにならない（$k = 0$）確率

$$\frac{1}{e \times 0!} = \frac{1}{e} = \frac{1}{2.7182818\cdots} = 0.367879\cdots \fallingdotseq 36.8\%$$

●今年1人（$k=1$）が人気アイドルになる確率

$$\frac{1}{e\times 1!}=\frac{1}{e}=\frac{1}{2.7182818\cdots}=0.367879\cdots\fallingdotseq 36.8\%$$

●今年2人（$k=2$）が人気アイドルになる確率

$$\frac{1}{e\times 2!}=\frac{1}{2e}=\frac{1}{2\times 2.7182818\cdots}=0.183939721\cdots\fallingdotseq 18.4\%$$

●今年3人（$k=3$）が人気アイドルになる確率

$$\frac{1}{e\times 3!}=\frac{1}{6e}=\frac{1}{6\times 2.7182818\cdots}=0.06131324\cdots\fallingdotseq 6.1\%$$

まとめると次の表のとおりです。

人気アイドルになる人数[k]	0	1	2	3	4	5
確率（%）	36.8	36.8	18.4	6.1	1.5	0.3

○B県

毎年2人（$\lambda=2$）が人気アイドルになっている場合

平均2名より、$\frac{e^{-\lambda}\times\lambda^k}{k!}$に$\lambda=2$を代入すると、

$$\frac{e^{-2}\times 2^k}{k!}=\frac{2^k}{e^2\times k!}$$

となります。これを用いて計算していきます。

●今年は誰も人気アイドルにならない（$k=0$）確率

$$\frac{2^0}{e^2\times 0!}=\frac{1}{e^2}=\frac{1}{7.389056\cdots}=0.135335\cdots\fallingdotseq 13.5\%$$

●今年1人（$k=1$）が人気アイドルになる確率

$$\frac{2^1}{e^2 \times 1!} = \frac{2}{e^2} = \frac{2}{7.389056\cdots} = 0.270671\cdots \fallingdotseq 27.1\%$$

●今年2人（$k=2$）が人気アイドルになる確率

$$\frac{2^2}{e^2 \times 2!} = \frac{2}{e^2} = \frac{2}{7.389056\cdots} = 0.270671\cdots \fallingdotseq 27.1\%$$

●今年3人（$k=3$）が人気アイドルになる確率

$$\frac{2^3}{e^2 \times 3!} = \frac{4}{3e^2} = \frac{4}{22.167168\cdots} = 0.180447\cdots \fallingdotseq 18.0\%$$

まとめると次の表のとおりです。

人気アイドルになる人数[k]	0	1	2	3	4	5	6
確率(%)	13.5	27.1	27.1	18.0	9.0	3.6	1.2

ポアソン分布の特徴・強みは、平均の値（λ）さえわかっていれば、全体の人数がわからなくても答えを求められる点です。

A県とB県の人口が違っても、人気アイドルになる平均人数さえわかっていれば、今年の予想ができるのです。

●「馬に蹴られて亡くなった兵士の数」は？

ここで、冒頭の「馬に蹴られて亡くなった兵士の数」を解説しましょう。「ポアソン分布を歴史上初めて応用した調査例」といわれていますが、実行したのは、ドイツの数理統計学者、数理経済学者であるラディスラフ・フォン・ボルトケヴィッチ（Ladislaus von Bortkiewicz）です。

ボルトケヴィッチは、プロシア陸軍で「馬に蹴られて亡くなった兵士の数」を1875～1894年の20年にわたり、10部隊（延べ200部隊）調査しました。結果は次の表のとおりです。

1部隊で馬に蹴られて亡くなった兵士の数	0人	1人	2人	3人	4人	5人以上	合計
部隊の数	109	65	22	3	1	0	200
部隊の割合（%）	54.5	32.5	11	1.5	0.5	0	100

出典：Das Gesetz der kleinen Zahlen（The Law of Small Numbers）Ladislaus von Bortkiewicz（1898）

馬に蹴られて亡くなった兵士の総数は20年間で、

$$0 \times 109 + 1 \times 65 + 2 \times 22 + 3 \times 3 + 4 \times 1 + 5 \times 0$$
$$= 0 + 65 + 44 + 9 + 4 + 0 = 122\ (\text{人})$$

ですから、馬に蹴られて亡くなった人数は、1部隊あたり、

$$\lambda = 122 \div 200 = 0.61\ (\text{人})$$

です。よって、

$$\frac{e^{-0.61} \times 0.61^k}{k!} = \frac{0.61^k}{e^{0.61} \times k!}$$

となります。実際の結果があるので、ポアソン分布で実際に予想できているのか確認してみましょう。

●馬に蹴られて亡くなる人がいない（$k=0$）確率

$$\frac{0.61^0}{e^{0.61} \times 0!} = \frac{1}{e^{0.61}} = \frac{1}{1.8404313987\cdots} = 0.543350869\cdots \fallingdotseq 54.3\%$$

●1人（$k=1$）馬に蹴られて亡くなる確率

$$\frac{0.61^1}{e^{0.61} \times 1!} = \frac{0.61}{e^{0.61}} = \frac{0.61}{1.8404313987\cdots} = 0.33144403\cdots \fallingdotseq 33.1\%$$

●2人（$k=2$）馬に蹴られて亡くなる確率

$$\frac{0.61^2}{e^{0.61} \times 2!} = \frac{0.61^2}{2e^{0.61}} = \frac{0.3721}{3.680862797\cdots} = 0.101090429\cdots \fallingdotseq 10.1\%$$

1部隊で馬に蹴られて亡くなった兵士の数	0人	1人	2人	3人	4人	5人以上	合計
部隊の数（実際）	109	65	22	3	1	0	200
部隊の数（予想）	108.7	66.3	20.2	4.1	0.6	0.08	200
部隊の割合（実際）（%）	54.5	32.5	11	1.5	0.5	0	100
部隊の割合（予想）（%）	54.3	33.1	10.1	2.1	0.31	0.04	100

多少の誤差はあるものの、十分に高精度な予想ができているのではないでしょうか？　「馬に蹴られて亡くなる」ことを現代人が想像するのは簡単ではありませんが、

「人の恋路を　邪魔する奴は　馬に蹴られて　死んじまえ」

という都々逸（どどいつ）があるほどですから、可能性のある出来事だったようです。

なお、ポアソン分布は、日常のさまざまな現象をとらえる便利な分布ですが、何でも計算できるわけではありません。ランダムではない事象に対しては正確な分析ができないので、適用範囲にご注意ください。

「年収1億円以上の人材」や「10年に1人の美少女」を表す

「年収1億円以上の人材」「100万人に1人の逸材」「10年に1人の美少女」などの言葉を耳にすることがあります。多くの場合、発言者の研ぎ澄まされた経験と感覚から出た言葉でしょうが、**統計を使えば、これらの言葉を数値化して把握**できます。この逸材のすごさを、ざっくり把握してみましょう。このとき、**正規分布**と**標準スコア（zスコア）**と呼ばれる2つの値が必要なので準備します。

まずは正規分布です。例えば、硬貨を150回投げて表が出る回数を横軸に取り、その確率を縦軸に取ってグラフにすると、**下の図**のように釣鐘状のグラフとなります。ざっくりいうと、このグラフを滑らかに結んだ曲線が正規分布です。正規分布は**下の図**のように**左右対称のグラフとなり、真ん中が平均**となります。

私たちが扱うデータをグラフにすると正規分布のような形状になることが多いため、正規分布を使うことで、さまざまな現象を逆算して予想できます。私たちがよく耳にする偏差値やIQは、

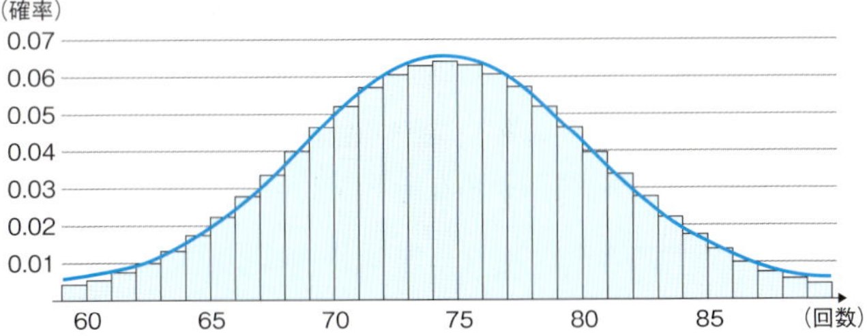

硬貨を150回投げたときに表が出た回数

調べる対象が正規分布になっていると仮定して逆算しています。

偏差値は、平均を50、標準偏差を10としたときの自分の点数ですが、標準スコア（zスコア）は平均を0、標準偏差を1にしたときの値で、全体における個人の相対的な位置を表します。標準スコア（zスコア）を求めることで、偏差値やIQに変換することが楽になります。これで準備が整ったので、計算していきましょう。

●年収1億円以上の人材

日本人の年収が正規分布に従っていると仮定して、「年収1億円以上の人材」を偏差値に換算してみます。年収1億円ともなると、すごい値です。

国税庁の統計年報によると、2015（平成27）年度に年収が1億円以上だった人は19,234人、2016（平成28）年度は20,501人ですから、年収1億円以上の人は約2万人です。

日本の人口を約1億2,600万人とすると、割合は、

$$\frac{2}{12600} = \frac{1}{6300} \fallingdotseq 0.00159$$

となります。割合で「0.159％」ですから、非常に限られていることがわかりますが、より詳細に数値化してみましょう。

ただし、この上位部の割合から直接、標準スコア（zスコア）は求められないので、全体から上位部の割合を除いた次ページの図の青い部分の割合（下側累積確率）を求めます。この場合、下側累積確率は「年収1億円未満の人の割合」となります。

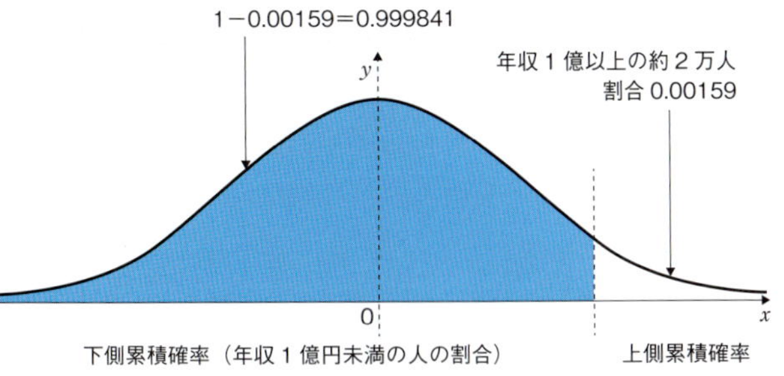

ここまで求めれば、「Excel」や「高度計算サイト」もしくは「正規分布表」を用いて標準スコア（zスコア）を求められます。Excelの場合は「NORM.S.INV 関数」、高度計算サイトの場合は標準正規分布の「下側累積確率」もしくは「上側累積確率」を利用します。

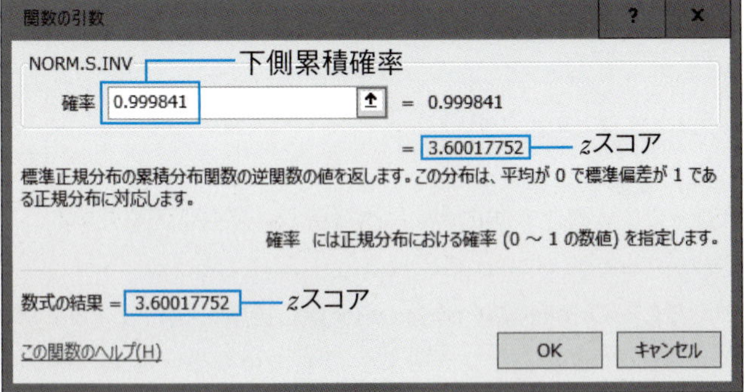

関数の引数

> Excelの場合：NORM.S.INV(0.999841)とするとz≒3.6
> 高度計算サイトの場合：標準正規分布の下側累積確率P=0.999841
> もしくは標準正規分布の上側累積確率Q=0.00159としてz≒3.6

標準スコア(zスコア)の計算方法は、自分の点数などをXとしたとき、

$$z = \frac{X - (\text{平均})}{(\text{標準偏差})}$$

です。「偏差値」や「IQ」を求める場合は、この式を変形した、

$$X = (\text{標準偏差}) \times z + (\text{平均})$$

を利用します。具体的に公式にすると、偏差値は平均が50、標準偏差が10なので、換算式は、

$$\text{偏差値} = 10 \times z + 50$$

です。IQは平均が100で、テレビなどのメディアでよく用いられるIQの標準偏差は24ですから、IQの換算式は、

$$\text{IQ} = 24 \times z + 100$$

です。ここから年収1億円の人材($z \fallingdotseq 3.6$)を偏差値で表すと、

$$\text{偏差値} = 10z + 50 \fallingdotseq 10 \times 3.6 + 50 = 86$$

標準偏差24のIQに換算すると

$$\text{IQ} = 24z + 100 \fallingdotseq 24 \times 3.6 + 100 = 186.4$$

となります。

●100万人に1人の逸材

次に100万人に1人の逸材を計算してみましょう。「100万人に1人」といわれてもピンとこないかもしれないので、具体的に考えてみましょう。例えば、冬季オリンピックにおける日本選手の参加人数は「2018年が124人、2014年が113人、2010年が94人」です。日本の人口を約1億2600万人と考えれば、まさに100万人に1人の逸材です。つまり「100万人に1人の逸材」は「冬季オリンピック選手級」と考えられます。これを数値化していきましょう。

100万人に1人の割合は0.000001（$= 10^{-6}$）です。全体から上位部の割合を除いた割合（下側累積確率）は、

$$1 - 0.000001 = 0.999999$$

です。この値を用いて標準スコア（zスコア）を求めます。

> Excelの場合：NORM.S.INV（0.999999）とすると$z \fallingdotseq 4.753$
> 高度計算サイトの場合：標準正規分布の下側累積確率P=0.999999
> もしくは標準正規分布の上側累積確率Q=0.000001として$z \fallingdotseq 4.753$

ここから、100万人に1人（$z \fallingdotseq 4.753$）を偏差値に換算すると、

$$偏差値 = 10z + 50 \fallingdotseq 10 \times 4.753 + 50 = 97.53 \fallingdotseq 97.5$$

標準偏差24のIQに換算すると、

$$IQ = 24z + 100 \fallingdotseq 24 \times 4.753 + 100 = 214.072 \fallingdotseq 214$$

●10年に1人の美少女

「10年に1人の美少女」の場合は、1年に100万人の赤ちゃんが生まれると仮定すると、1,000万人に1人の逸材ですが、そのだいたい半分が男児と考えられますから、「500万人に1人の逸材」とします。500万人に1人の割合は0.0000002（$=2\times10^{-7}$）です。先ほどと同様に、全体から上位部を除いた割合（下側累積確率）は、

$$1-0.0000002=0.9999998$$

です。この値を用いて標準スコア（zスコア）を求めます。

Excelの場合：NORM.S.INV（0.9999998）とすると$z \fallingdotseq 5.07$
高度計算サイトの場合：標準正規分布の下側累積確率P=0.9999998
もしくは標準正規分布の上側累積確率Q=0.0000002として$z \fallingdotseq 5.07$

10年に1人の美少女（$z \fallingdotseq 5.07$）を偏差値に換算すると、

$$偏差値=10z+50 \fallingdotseq 10\times5.07+50=100.7$$

標準偏差24のIQに換算すると、

$$IQ=24z+100 \fallingdotseq 24\times5.07+100=221.68 \fallingdotseq 221.7$$

です。なお国税庁の統計年報によると、年収が100億円以上の日本人は、2015（平成27）年度が14人、2016（平成28）年度が17人いるそうなので、「10年に1人の美少女」に近い割合と考えられます。乱暴ですが「10年に1人の美少女」は、年収100億円の価値があると考えてもいいかもしれません。このような希少な人物も数値化すれば、より客観的にすごさを把握できます。

全席が指定されている旅客機と「平均」との深い関係

旅客機は強度やエンジンの性能から、飛ぶための重さには限界があります。日本航空株式会社（JAL）で使用しているボーイング777-300ERの場合は、340トンが重さの限界で、この重さを超えてしまうと飛行できません。内訳は機体の重さが165トン、燃料の重さが最大で145トン、貨物と人員の重さが最大で30トンです。

機体自体の重さは変わりませんが、燃料、貨物、旅客の重さは変動します。席がすべて埋まっているときは旅客機の重心が保てるので問題ありませんが、空席が多い場合はそうとも限りません。

旅客を旅客機の前列に詰めてしまうと、機首が重くなりバランスが崩れやすくなります。そうならないよう、貨物と旅客の重さを計算し、座席を前方、中央、後方にバランスよく配置しなければなりません。貨物は荷物を預けるときに計量できますが、旅客

ボーイング777-300ERの機内座席配置

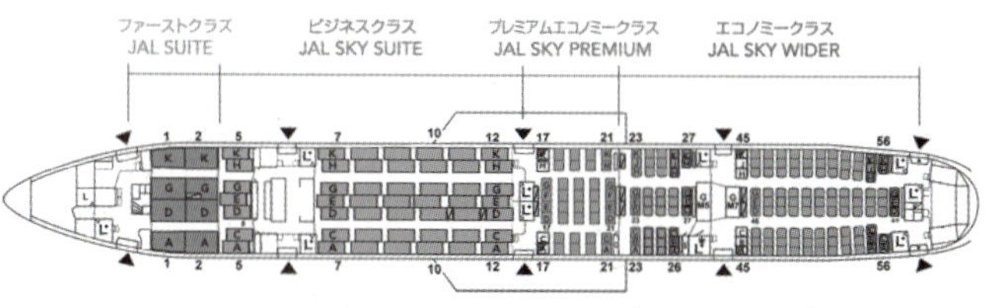

乗客が偏って搭乗すると機体の重量バランスが崩れてしまう

提供：日本航空

1人1人の体重を計量することはプライバシーの問題もあり、困難です。仮にできても、旅客全員の体重がわかってから席を配置していては、スムーズに搭乗できません。そこで平均を利用します。

JALでは大人1人あたりの体重を70kg、子ども1人あたりの体重を35kgとして計算するようです。赤ちゃんは席を使わないため、体重をカウントしないそうです。また、冬季になると上着を着込むので、1人あたり2kgほど追加するそうです。このようにして平均を用いた計算のもと、旅客機のバランスがとれるように席を調節しているのです。

旅客機に乗ったとき、「席は十分に空いているのだから、窓側の席に移動したい」と思ったことがある人もいるかもしれませんが、旅客機は常に席を指定して、自由な移動はできないようになっています。その理由の1つは、旅客機のバランスをとるためだったのです。ただ、どうしても席を移動したい場合は、クルーに相談しましょう。

旅客機が「全席指定」なのには意味があった。写真は日本航空がかつて使用していたボーイング747(ジャンボジェット)の模型。「SKY MUSEUM」で展示されている

9-9 テレビ番組の視聴率は全世帯の「サンプル」から導き出す

視聴率は、テレビ番組をどのくらいの世帯が見ているかを表す数値です。私たちがよく耳にする視聴率は**世帯視聴率**で、関東地区、関西地区、福岡地区のように全国を27地区に分けて調査しています。現在、日本で視聴率を調査している会社はビデオリサーチ社1社です。以前は、ニールセンも行っていましたが、2000年3月に視聴率調査から撤退したため、ビデオリサーチ社の視聴率調査結果が、そのまま世帯視聴率です。

総務省統計局のデータによると、日本には5340万世帯（2016年）、東京都に限定しても1800万世帯もあります。例えば、東京都で、ある番組の視聴率が15％であるなら、東京都では1800×0.15＝270万もの世帯がその番組を見たと考えられるわけです。そんな視聴率ですが、計算の仕方は次のようになります。

視聴率
＝（番組を見ているテレビの台数）÷（全体のテレビの台数）×100

視聴率は、すべてのテレビを調査して視聴率を出すのが理想ですが、先ほどの総務省統計局のデータのとおり、全世帯を調べるとコストと時間が膨大となり大変です。そこで、全世帯を調べる全数調査ではなく、全世帯の中から一部のサンプルを取り出して分析する標本調査を行います。

そのとき、偏ったサンプルにならないことが大事なのは当然ですが、サンプルの数がどの程度必要なのかも重要になります。10台、20台のサンプルではさすがに心もとないですが、正確性を求

1800万世帯の代表として900世帯をピックアップ

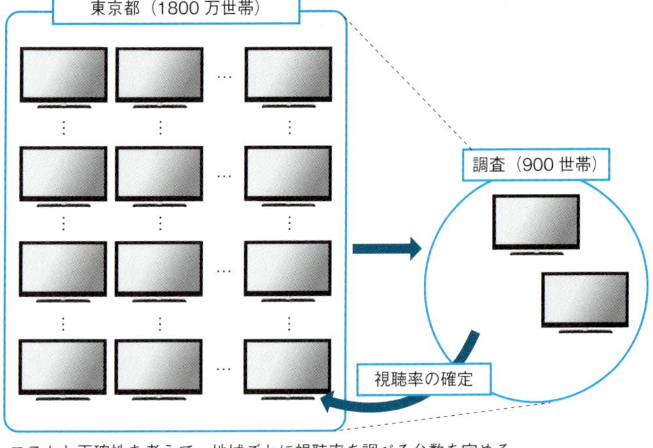

コストと正確性を考えて、地域ごとに視聴率を調べる台数を定める

めて100万台を調べようと思ったら大変です。

そこで、コストと正確性を考え、地域ごとに視聴率を調べる台数を定めています。東京都の場合は2016年10月から**900世帯**をピックアップし、視聴率を測定する**ピープルメーター**と呼ばれる機械を設置しています。それまではピープルメーターの設置台数は600台でしたが、300台が追加され、さらに録画予約してテレビを見る人が多くなった背景を受けて、タイムシフト再生が加味されるようになりました。900台で約1800万世帯を予想していると考えると、統計もフル活用されていますね。

なお、リアルタイムの視聴率が12%、録画による視聴率が5%、リアルタイムで番組を見て、録画でも番組を見たときの重複視聴率が2%の場合、リアルタイムの視聴率と録画による視聴率を合わせた総合視聴率は、

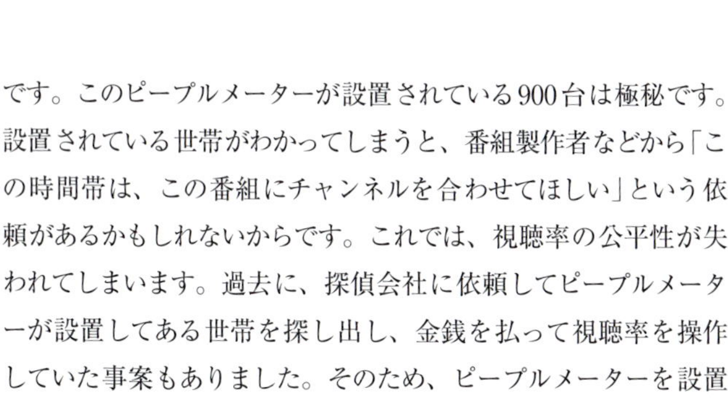

です。このピープルメーターが設置されている900台は極秘です。設置されている世帯がわかってしまうと、番組製作者などから「この時間帯は、この番組にチャンネルを合わせてほしい」という依頼があるかもしれないからです。これでは、視聴率の公平性が失われてしまいます。過去に、探偵会社に依頼してピープルメーターが設置してある世帯を探し出し、金銭を払って視聴率を操作していた事案もありました。そのため、ピープルメーターを設置する視聴者とは、自分の家にピープルメーターが設置されていることを外部に漏らさないよう契約が交わされています。

ピープルメーターが設置される世帯には条件があり、テレビ局を含むマスメディア関係者は除外されます。また、毎月37世帯から38世帯(2カ月で75世帯)ずつ入れ替わり、対象となる世帯が2年間で入れ替わるように工夫されています。視聴率は、番組、ひいてはその番組の間に流れているコマーシャルメッセージ(CM)を見ている人数に直結しますから、視聴率を測るシステムもきちんとしていないといけません。視聴率の調べ方1つとっても、統計がさまざまなところで顔を出します。

おわりに

神楽坂(かぐらざか)という坂をご存知でしょうか？

東京都新宿区にある、一見するとどこにでもある普通の坂です。しかし、自動車などの進行方向が、午前は坂上から坂下に下る一方通行、午後は坂下から坂上に上る一方通行に逆転する「逆転式一方通行」を採用している、全国でも珍しい坂です。

この神楽坂の坂下に立つと、私はいつも、受験に失敗し続けた10代の日々を思い出します。

中学受験、高校受験、大学受験……不合格

常に合格者発表の掲示板に自分の受験番号がない、敗北の10代でした。高校受験は希望していた学校の科が定員割れだったのに不合格、大学受験は浪人してもなお、希望していた大学の学部は不合格でした。まさに、**午前の神楽坂の進行方向に沿うように、坂上から坂下に滑り転がっていった10代**でした。

転がり続けた私が、10代最後となる19歳の春にたどり着いたのが、神楽坂の坂下でした。坂下から眺める神楽坂は、19歳の私とは対照的に華やかでした。ふと視線を左にずらしたところ、夏目漱石の代表作『坊ちゃん』の主人公が通った学校（物理学校、現・東京理科大学）があったので、無鉄砲な坊ちゃんのように、縁だと思って入学の手続きをしました。

大学に入学した当初の私は、軽い学習性無力感に陥ったまま講義を受けていました。あるとき4限目の講義が終わる16時に、教室の外に並ぶ多様な年齢層による長蛇の列が気になりました。「この人たちは一体何を待っているのだろう」と疑問に思いながら、その列をぼんやり眺めていました。後日、この列は、講義をできる限り前で受けるために並んでいる**夜間学部**の学生の列だと知りました。

東京理科大学は、今でも日本唯一の夜間理学部である理学部第二部を持ち、多様な年齢層の学生が夜遅くまで学習しています。社会人学生のみならず、仕事が定年となってから勉学に励む方も多くいます。そんな夜間学生の勉強に対する熱意・姿勢は、私がすっかり失っていた姿勢そのものでした。

「過去は関係ない。やりたかった勉強をやる」。背中がそう語っているようでした。私はその熱意を見て、自然と意識が変わりました。今思えばあのとき、私の過去は変わり始めたのです。おかげで何とか留年せずに大学を卒業できました。**過去は関係ないのです。いつでも変えられます。**本書がそのための一助となれば、これほどうれしいことはありません。

最後となりましたが、科学書籍編集部の石井顕一氏には言葉に尽くせないほど大変お世話になりました。この場をお借りし、厚くお礼申し上げます。

防衛省海上自衛隊小月教育航空隊数学教官　佐々木 淳

《参考文献》

●書籍

石川聡彦/著『人工知能プログラミングのための数学がわかる本』(KADOKAWA/中経出版、2018年)

マガジンハウス/編『自衛隊防災BOOK』(マガジンハウス、2018年)

星田直彦/著『楽しくわかる数学の基礎』(SBクリエイティブ、2018年)

池上 彰+「池上 彰緊急スペシャル!」制作チーム/著『知らないではすまされない自衛隊の本当の実力』(SBクリエイティブ、2018年)

蔵本貴文/著『学校では教えてくれない! これ1冊で高校数学のホントの使い方がわかる本』(秀和システム、2014年)

石井俊全/著『まずはこの一冊から 意味がわかる統計学』(ベレ出版、2012年)

大上丈彦/著、メダカカレッジ/監修『マンガでわかる統計学』(SBクリエイティブ、2012年)

岡崎拓生/著『翔べ海上自衛隊航空学生』(光人社、2011年)

佃 為成/著『東北地方太平洋沖地震は"予知"できなかったのか?』(SBクリエイティブ、2011年)

畑村洋太郎/著『直観でわかる微分積分』(岩波書店、2010年)

小島寛之/著『キュートな数学名作問題集』(筑摩書房、2009年)

柿谷哲也/著『イージス艦はなぜ最強の盾といわれるのか』(SBクリエイティブ、2009年)

桜井 進/著『感動する! 数学』(海竜社、2006年)

小島寛之/著『完全独習 統計学入門』(ダイヤモンド社、2006年)

白取春彦/著『「数学」はこんなところで役に立つ』(青春出版社、2005年)

畑村洋太郎/著『直観でわかる数学』(岩波書店、2004年)

岡部恒治/著『図解 微分・積分が見る見るわかる』(サンマーク出版、2002年)

江藤邦彦/著『算数と数学 素朴な疑問』(日本実業出版社、1998年)

●ムック

Newtonライト『ベクトルのきほん』(ニュートンプレス、2018年)

Newtonライト『対数のきほん』(ニュートンプレス、2017年)

science·i

サイエンス・アイ新書

SIS-424

https://sciencei.sbcr.jp/

身近なアレを数学で説明してみる

「なんでだろう?」が「そうなんだ!」に変わる

2019年1月25日　初版第1刷発行

著　　者　佐々木 淳
発 行 者　小川 淳
発 行 所　SBクリエイティブ株式会社
〒106-0032　東京都港区六本木2-4-5
電話：03-5549-1201(営業部)
装　　丁　渡辺 縁
組　　版　クニメディア株式会社
印刷・製本　株式会社シナノ パブリッシング プレス

　ISBN 978-4-7973-9671-3

SB Creative